职业技能等级认定培训教程

咖 啡 师

（高级）

中国就业培训技术指导中心
人力资源和社会保障部职业技能鉴定中心　组织编写

中国劳动社会保障出版社

图书在版编目（CIP）数据

咖啡师. 高级／中国就业培训技术指导中心，人力资源和社会保障部职业技能鉴定中心组织编写. -- 北京：中国劳动社会保障出版社，2024.--（职业技能等级认定培训教程）. -- ISBN 978-7-5167-6577-7

Ⅰ. TS273.4

中国国家版本馆CIP数据核字第2024R9P850号

中国劳动社会保障出版社出版发行

（北京市惠新东街1号　邮政编码：100029）

*

北京市科星印刷有限责任公司印刷装订　　新华书店经销

787毫米×1092毫米　16开本　8.25印张　124千字
2024年8月第1版　2024年8月第1次印刷

定价：24.00元

营销中心电话：400-606-6496

出版社网址：http://www.class.com.cn

版权专有　　侵权必究

如有印装差错，请与本社联系调换：(010) 81211666
我社将与版权执法机关配合，大力打击盗印、销售和使用盗版图书活动，敬请广大读者协助举报，经查实将给予举报者奖励。

举报电话：(010) 64954652

编审委员会

主　任　吴礼舵　张　斌　韩智力
副主任　葛恒双　葛　玮
委　员　李　克　朱　兵　赵　欢　王小兵　贾成千　吕红文
　　　　瞿伟洁　高　文　郑丽媛　陆照亮　刘维伟

本书编审人员

主　编　章熠慧
编　者　董　赟　盛　燕　黄鹏丞　潘伊宁　曹碧莹　邵鹏程
　　　　贾春荣
主　审　杜华波
审　稿　刘　晓　何春萍

前　　言

为加快建立劳动者终身职业技能培训制度，全面推行职业技能等级制度，推进技能人才评价制度改革，进一步规范培训管理，提高培训质量，中国就业培训技术指导中心、人力资源和社会保障部职业技能鉴定中心组织有关专家在《咖啡师国家职业技能标准（2022 年版）》（以下简称《标准》）制定工作基础上，编写了咖啡师职业技能等级认定培训教程（以下简称等级教程）。

咖啡师等级教程紧贴《标准》和职业培训包课程规范要求编写，内容上突出职业能力优先的编写原则，结构上按照职业功能模块分级别编写。该等级教程共包括《咖啡师（基础知识）》《咖啡师（初级）》《咖啡师（中级）》《咖啡师（高级）》《咖啡师（技师 高级技师）》5 本。《咖啡师（基础知识）》是各级别咖啡师均需掌握的基础知识，其他各级别教程内容分别包括各级别咖啡师应掌握的理论知识和操作技能。

本书是咖啡师等级教程中的一本，是职业技能等级认定推荐教程，也是职业技能等级认定题库开发的重要依据，已纳入职业培训包教材资源，适用于职业技能等级认定培训和中短期职业技能培训。

本书在编写过程中得到上海市技师协会、上海市技师协会咖啡专业委员会、上海曼煮商贸有限公司、上海虹桥品汇咖啡有限公司、提姆（上海）餐饮管理有限公司、上海市糖业烟酒（集团）有限公司、上海金拱门食品有限公司、库迪咖啡（天津）有限公司、咖爷科技（苏州）有限公司、云南农业大学热带作物学院，以及顾卫东、周芳、陆骏飞、韩文芳、罗伟、夏渊、亓超杰、吴鹏、乐骅、杨学虎的大力支持与协助，在此一并表示衷心感谢。

中国就业培训技术指导中心
人力资源和社会保障部职业技能鉴定中心

目 录 CONTENTS

职业模块 1　咖啡制作

　培训课程 1　咖啡拉花 ··· 3
　　学习单元 1　奶泡打发要求与要点 ··· 3
　　学习单元 2　拉花的流程与技术 ··· 11
　培训课程 2　浓度与萃取率调整 ··· 21
　　学习单元 1　浓度、萃取率的判断 ·· 21
　　学习单元 2　咖啡适度萃取 ··· 24
　　学习单元 3　咖啡制作方案设计 ··· 28
　　学习单元 4　咖啡出品流程设计 ··· 32

职业模块 2　咖啡品鉴

　培训课程 1　感官辨识 ··· 39
　　学习单元 1　味觉与咖啡品鉴 ·· 39
　　学习单元 2　嗅觉与咖啡品鉴 ·· 46
　　学习单元 3　口腔触觉与咖啡品鉴 ·· 50
　　学习单元 4　咖啡风味轮 ·· 53
　培训课程 2　感官运用 ··· 57
　　学习单元 1　不同产区咖啡豆的风味特征 ··································· 57
　　学习单元 2　咖啡品质鉴定 ··· 60
　　学习单元 3　咖啡豆采购 ·· 63

职业模块 3　咖啡豆辨别

　培训课程 1　瑕疵豆辨别 ·· 69
　　学习单元 1　咖啡豆分级 ·· 69
　　学习单元 2　常见瑕疵豆的外观特征及形成原因 ·························· 74

学习单元3　常见瑕疵豆的风味 ·················· 84

培训课程2　咖啡熟豆辨别 ·················· 89
　　学习单元1　咖啡豆烘焙 ·················· 89
　　学习单元2　常见的咖啡豆处理方法 ·················· 92
　　学习单元3　不同咖啡的萃取方法和技巧 ·················· 96

培训课程3　咖啡熟豆储存 ·················· 99
　　学习单元1　咖啡熟豆的储存保鲜 ·················· 99
　　学习单元2　咖啡熟豆新鲜度辨别 ·················· 101

职业模块4　经营管理

培训课程1　单个门店班次管理 ·················· 107
　　学习单元1　门店值班计划编制 ·················· 107
　　学习单元2　门店班次管理 ·················· 111

培训课程2　单个门店销售管理 ·················· 116
　　学习单元1　门店销售管理 ·················· 116
　　学习单元2　门店销售计划制订 ·················· 120

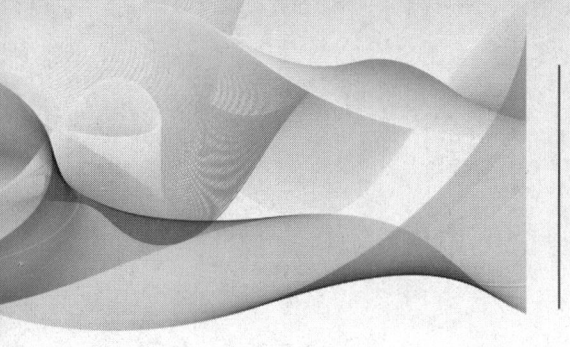

职业模块 ① 咖啡制作

培训课程 1

咖啡拉花

学习单元 1　奶泡打发要求与要点

一、植物奶与动物奶

1. 植物奶

植物奶是使用含蛋白质和脂肪的植物种子或果实制成的饮品，主要有燕麦奶、豆奶、椰奶、杏仁奶等。常见的植物奶为燕麦奶，它能替代牛奶以解决部分人群乳糖不耐受的问题。植物奶中虽然含有一定的维生素和膳食纤维，但蛋白质和脂肪的含量均低于动物奶，营养价值远不及动物奶。

2. 动物奶

动物奶来自哺乳动物的乳汁，主要有牛奶、羊奶、马奶等。常见的动物奶为牛奶，根据制作工艺不同，可分为生鲜牛奶、常温奶、还原奶、风味牛奶等。

（1）生鲜牛奶

生鲜牛奶是指新挤出的未被加工的牛奶。生鲜牛奶中含有溶菌酶等活性物质，能够在4 ℃的温度下保存24~36 h。

（2）常温奶

常温奶是指经超高温消毒法加工而成的牛奶，即将生鲜牛奶在135~152 ℃的超高温下进行瞬间灭菌。该灭菌方式可以有效延长保质期、降低运输成本，缺点是蛋白质、脂肪、乳糖含量都会降低，营养物质保留较少。

(3) 还原奶

还原奶又称复原乳,是把牛奶浓缩成浓缩乳(炼乳)或干燥为乳粉,再添加适量的水,制成与牛奶成分相近的饮品。通俗地讲,还原奶就是用炼乳、奶粉勾兑水还原而成的牛奶。还原奶要经过两次高温灭菌加工,通常采用超高温消毒法灭菌。

(4) 风味牛奶

风味牛奶是指市场上种类繁多的"花色奶",如巧克力牛奶、草莓牛奶、咖啡牛奶等,其配料除了牛奶外一般还含有水、甜味剂等,所以风味牛奶并不是真正意义上的牛奶,而只能称为含乳饮料,其蛋白质含量一般在1%左右,与牛奶所含的营养成分相差悬殊。

二、牛奶的消毒

根据消毒方法不同,人们日常饮用的牛奶主要分为超高温消毒奶和巴氏消毒奶。

1. 超高温消毒奶

超高温消毒奶是指在135~152 ℃的超高温下,进行4~15 s的瞬间灭菌处理,完全杀灭可能生长的微生物和芽孢,在无菌状态下灌装的牛奶。

(1) 优点:几乎不含细菌。由于可能添加了化学合成的鲜奶香精或奶油等高脂肪物质,所以不同种类的超高温消毒奶加热后会有不同的风味,一般来讲口感比较浓厚。

(2) 缺点:超高温消毒的方法不仅会破坏生鲜牛奶中的生物活性物质和大部分维生素,还会使原本容易被人体吸收的钙离子与牛奶中的酪蛋白结合,形成不易被人体吸收的物质。

(3) 储存条件:保质期较长,通常可达6~12个月,可在常温下长期保存,没有冷藏条件的限制。

2. 巴氏消毒奶

巴氏消毒奶是指在75~80 ℃的温度下,进行10~15 s的瞬间杀菌处理以杀死致病微生物的牛奶,非无菌灌装,但细菌含量不会对人体健康造成威胁。

(1) 优点:口感、风味上接近生鲜牛奶,且营养价值与生鲜牛奶差异不大。

(2) 缺点:牛奶中的一些生物活性物质可能会失活。

(3) 储存条件:保质期通常为7~16 d,须在4~6 ℃的冷藏环境中保存,保存期较短。

三、牛奶的成分

牛奶的主要成分包括水、脂肪、蛋白质、乳糖等,如图 1-1 所示。

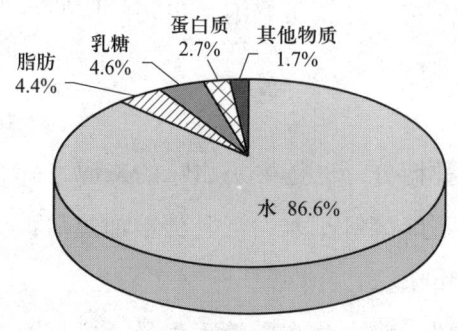

图 1-1 牛奶的主要成分

1. 脂肪

牛奶的脂肪含量越高,口感越饱满。牛奶的脂肪含量不同会影响咖啡的醇厚度或香气。

(1)全脂牛奶

全脂牛奶的脂肪含量在 3.0% 以上,具有口感醇厚、奶味浓厚以及分量足的特点,打发的奶泡持久。

(2)低脂牛奶

低脂牛奶的脂肪含量为 0.5%~1.5%,能为咖啡增加香味和口感,但打发的奶泡容易炸裂。

(3)脱脂牛奶

脱脂牛奶的脂肪含量低于 0.5%,虽然易膨胀且更容易打发出奶泡,但奶泡的稳定性较差,容易炸裂,导致牛奶和奶泡分离。脱脂牛奶的奶味淡薄,水感较重。

需要注意的是,随着脂肪含量的增加,空气灌注会变得更加困难。因此,经过成分调整(如经过均质化处理)的牛奶会更容易注入空气。

2. 蛋白质

牛奶中的蛋白质主要由乳酪蛋白(80%)和乳清蛋白(20%)组成。乳清蛋白在遇热时会发生反应,在 36~65 ℃时起泡,在 77~88 ℃时发生成分变化并开始挥发。

不同牛奶中蛋白质的含量虽然相同,但甜味却有所不同,这是因为乳清蛋白的含量不同。如果牛奶加热温度过高，就会导致蛋白质变性，形成沉淀或凝固，损失较多的营养成分及维生素。

在加热牛奶时，蛋白质会从溶胶状态转变成凝胶状态，形成薄膜之后包围住空气分子而形成一种漂浮物，这就是奶泡。牛奶的脂肪、蛋白质含量以及温度都会影响奶泡的形成。

3. 乳糖

乳糖是牛奶中的一种糖分，也是牛奶甜味的来源之一。乳糖是由半乳糖和葡萄糖组成的双糖分子，不能溶解于水。当乳糖被加热后，会产生水溶性，水解成半乳糖和葡萄糖，增加甜味。

需要注意的是，亚洲人普遍存在乳糖不耐受。这是因为婴儿断奶后，分解乳糖的乳糖酶在人体内的分泌量降低，导致乳糖在肠胃内不易被吸收，从而引起腹胀、绞痛、泛酸或腹泻等不适症状。因此，对亚洲人来说，需要注意控制牛奶的摄入量，以避免乳糖不耐受症状的出现。

四、牛奶发泡要求

牛奶发泡是指利用蒸汽和旋转的力量将牛奶打发成泡沫状。这种泡沫状的牛奶可以增加咖啡的口感和美观度，使咖啡更加美味和诱人。牛奶发泡要求主要包括以下几个方面。

1. 牛奶的温度

打发奶泡时，牛奶的温度应该控制在4 ℃左右。这是因为低温的牛奶通常需要较长的时间打发和打绵，所以更容易打出绵密细腻的奶泡。

2. 牛奶的脂肪含量和蛋白质含量

奶泡打发的原理是通过向牛奶中注入空气而使其膨胀。因此，牛奶的脂肪含量和蛋白质含量对奶泡打发的成功率有非常重要的影响。

3. 牛奶的使用量

牛奶的使用量一般为拉花缸容量的一半。使用量过多，会导致奶泡无法与牛奶充分混合，从而影响咖啡的口感。

4. 加热蒸汽棒的位置

加热蒸汽棒应与牛奶液面呈45°夹角，以保证牛奶能够以更有力、更适当的角度旋转；蒸汽棒喷头埋进牛奶液面的深度应为0.5～1 cm；注意控制单位时间的进气量。

五、奶泡打发要点

在制作咖啡拉花时,奶泡的打发过程至关重要。意式浓缩咖啡中的油脂与牛奶中的奶泡相遇时,因奶泡的密度小,会浮于咖啡液面上,形成美观的图案。品质好的奶泡能增加意式浓缩咖啡的甜味,提高咖啡饮品品质。若奶泡粗糙或者温度过高,会降低咖啡的质感。奶泡打发除了与牛奶的温度、脂肪和蛋白质含量等相关,还与咖啡机蒸汽量与拉花缸的选择相关。

1. 咖啡机蒸汽量

咖啡机蒸汽管是连接蒸汽源和蒸汽嘴的管道,其长度和弯曲度都会影响蒸汽的传送效果。如果蒸汽管过长或者弯曲度过大,会导致蒸汽传送效率降低,影响奶泡的打发效果。因此,需要合理控制蒸汽管的长度和弯曲度,确保蒸汽能够快速、稳定地传送到蒸汽嘴中。

蒸汽管的出汽方式主要分为集中式与外扩张式两种。不同形式蒸汽管的出汽强度和出汽量不同,再加上出汽孔位置和数量的变化,会造成打发奶泡时角度和方式的差异。集中式的蒸汽管在角度控制上更要注意,不然会打不出良好的奶泡;外扩张式的蒸汽管在打发时,不要靠钢杯边缘太近,否则容易产生乱流现象。

咖啡机蒸汽量的大小要适中,忽大忽小的蒸汽量会导致奶泡质量不稳定。过大的蒸汽量会使牛奶升温过快,导致奶泡粗糙且容易溢出;过小的蒸汽量则会使牛奶发泡效果差,打发时间变长。因此,需要根据实际情况调整蒸汽量的大小,以达到最佳的发泡效果。一些高端咖啡机品牌会提供多种不同规格的蒸汽嘴供用户选择。用户可以根据自己的需求选择适合的蒸汽嘴,以达到更好的奶泡打发效果。不同类型的蒸汽嘴如图 1-2 所示。

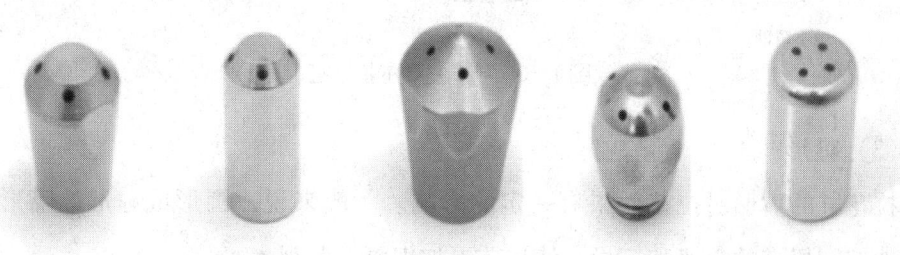

图 1-2 不同类型的蒸汽嘴

(1) 在牛奶量较少的情况下,使用宽角度蒸汽嘴更容易产生泡沫。但当牛奶量较多,需要更大的压力时,窄角度蒸汽嘴更为合适。

(2) 直径为 1.0 mm 的蒸汽嘴更易于注入空气。

(3) 四个孔的蒸汽嘴比三个孔的蒸汽嘴的喷射力量更大,所以能缩短奶泡打发时间。

2. 拉花缸的选择

拉花缸一般需要选择开口适中、有足够深度的,须能够容纳足够的牛奶和奶泡,同时不会让奶泡溢出。选择拉花缸时需要考虑以下几个因素:

(1) 容量

拉花缸的容量应根据具体需求进行选择。一般来说,容量在 300～500 mL 之间的拉花缸较为常见,适合家用或小型商业场所使用。

(2) 材质

拉花缸应选择食品级材质,以确保安全性。

1)不锈钢拉花缸耐用且具有较好的保温性能,能够保持奶泡的温度,但清洁时需要注意防止被刮伤。

2)涂层拉花缸具有较好的不粘性和耐高温性能,但需要注意选择食品级涂层材料以确保安全性。

3)树脂拉花缸轻便且价格相对较低,但使用寿命较短,需要注意选择无异味、无毒性的材料。不同材质的拉花缸如图 1-3 所示。

不锈钢　　　　涂层　　　　树脂

图 1-3　不同材质的拉花缸

(3) 嘴形

拉花缸的嘴形对拉花效果有一定的影响。一般来说,圆形或扁形的嘴形能够更好地控制奶泡的流速和流量,使拉花更加细腻、美观。

(4) 把手

拉花缸的把手也是需要考虑的因素。把手应该便于握持,且具有一定的防滑设计，以增加使用的舒适性和安全性。

六、植物奶发泡要求

植物奶发泡和牛奶发泡在口感、风味、可持续性和稳定性等方面都有所不同，选择哪种取决于个人的口味和需求。植物奶的种类很多，不适合发泡的植物奶见表1-1。

表1-1　　　　　　　　　　不适合发泡的植物奶

种类	原因
豆奶	蛋白质含量较低，无法稳定奶泡
椰奶	脂肪含量较高，易与蛋白质结合形成沉淀物
杏仁奶	口感较稀，缺少脂肪和蛋白质来稳定奶泡

使用植物奶发泡的注意事项如下。

1. 加热温度

植物奶的加热温度需要略高于动物奶，以弥补其蛋白质或脂肪含量的不足。但是，加热温度也不能过高，以免破坏其中的营养成分。

2. 打发时间

植物奶的打发时间要略长于动物奶，以充分混合空气，形成稳定的奶泡。植物奶发泡更需要注意稳定性和加热均匀性，以免产生过多的泡沫。同时，在打发过程中需要控制打奶器或蒸汽棒的角度和搅拌速度，以保证奶泡的质量。

操作技能

打发奶泡

一、操作准备

1. 设备准备

咖啡机。

2. 器具准备

拉花缸。

3. 物料准备

牛奶。

二、操作步骤

打发奶泡的操作步骤见表1-2。

表1-2　　　　　　　　　打发奶泡的操作步骤

操作步骤	图示
步骤1　在拉花缸中倒入牛奶，牛奶量大约为拉花缸容量的40%（如容量为450 mL的拉花缸中倒入180 mL牛奶）	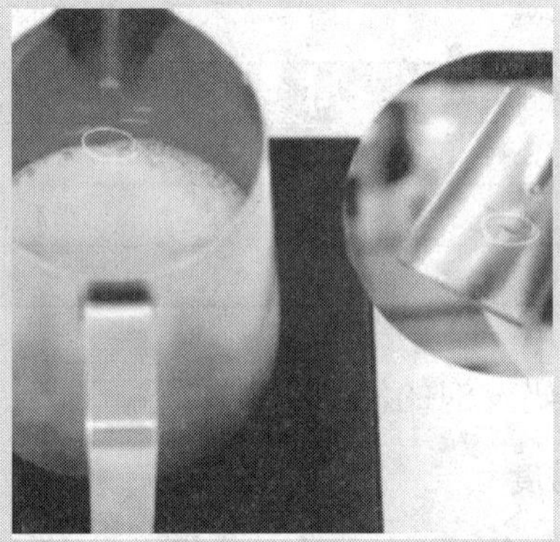
步骤2　插入蒸汽棒，与缸壁之间的角度为45°	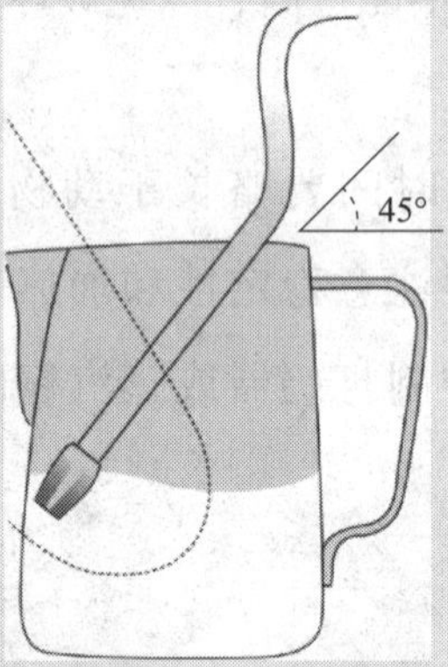
步骤3　蒸汽棒喷头位置在缸内中心的3点钟或9点钟方向	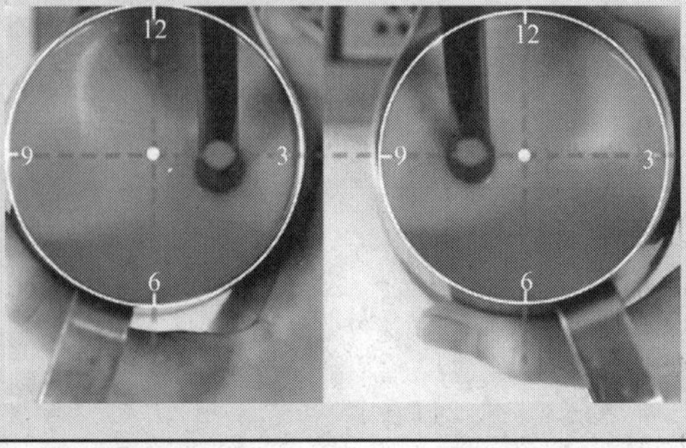

续表

操作步骤	图示
步骤4 蒸汽棒喷头放置于牛奶液面下 0.5 cm 处，开始进气。听到"滋滋"的声音即表明牛奶开始发泡膨胀	
步骤5 牛奶上升后将拉花缸轻微往上移（蒸汽棒喷头埋进牛奶液面的位置从 0.5 cm 加深至 1 cm），直到旋涡将表面气泡卷入后保持不动，达到适合温度（55～65 ℃）即可	 

 **相关链接**

奶泡分缸

把打好的奶泡从一个拉花缸倒进另外一个拉花缸的动作称为分缸。分缸时需要准备不同容量的拉花缸，奶泡应沿着拉花缸的缸壁缓缓流下，切勿直接倒入。

学习单元 2　拉花的流程与技术

一、咖啡组合花型

咖啡组合花型是指将不同的基础花型进行组合，制作出更加复杂和精美的图案或形状。咖啡组合花型需要更高的技巧和创造力，需要咖啡师不断练习和尝试。通过组合花型，可以制作出多样的咖啡拉花作品，让顾客享受更丰富的视觉和味觉体验。

在奶泡和咖啡充分融合后，开始进行拉花。首先，使用拉花缸将奶泡注入咖啡中，形成所需的图案，如心形、叶子形等。然后，通过手腕的控制，将不同的图案组合在一起，形成更加复杂和美观的图案。常见的组合花型有压纹郁金香（见图1-4）和天鹅（见图1-5）。

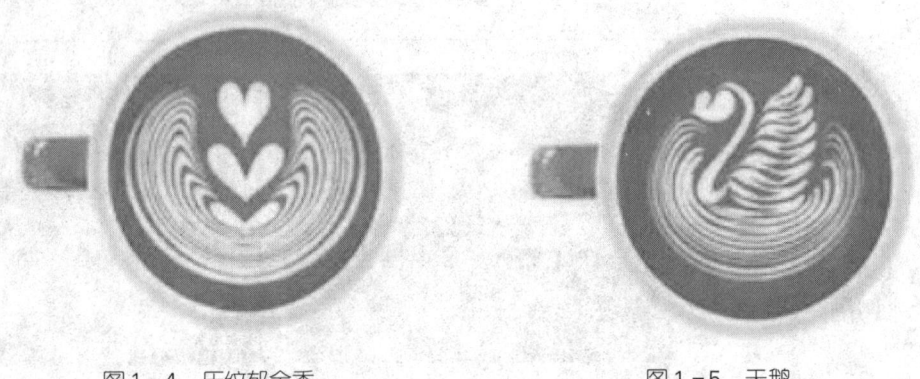

图1-4　压纹郁金香　　　　　　　　图1-5　天鹅

二、咖啡拉花出品要求

咖啡拉花除了能增加咖啡的视觉效果，还能够改变咖啡的口感和味道。通过将牛奶奶泡和咖啡混合，可以使咖啡的口感更加丰富和柔和。拉花出品的品质、效率和稳定性要求如下。

1. 拉花出品的品质要求

拉花出品的品质要求包括颜色、图案、创新与复杂度、口感和卫生安全五个方面。

（1）颜色要求

拉花要求颜色干净、明亮，无色斑色渍，色彩饱和度高，颜色纯正，能够呈现美观的图案。

（2）图案要求

拉花要求图案清晰、对称，线条流畅，层次分明，无模糊、残缺或变形现象。对称度是拉花品质的重要衡量标准之一，对称的图案能够给人以平衡、和谐的视觉美感。

（3）创新与复杂度要求

在咖啡技能比赛中，拉花出品的创新与复杂度尤为重要。这就要求咖啡师在制作过程中寻求自己可为而别人不能达到的技艺，创造出独特、复杂的图案。

（4）口感要求

拉花出品要求口感醇厚、丝滑，奶泡与咖啡的比例协调，味道和谐，无过甜、过苦或过淡现象。

（5）卫生安全要求

咖啡制作应遵守食品卫生安全规定，使用的原材料应符合标准，保证拉花出品卫生安全。

2. 拉花出品的效率要求

在咖啡厅等餐饮服务场所中，节约时间是非常重要的。拉花制作需要花费一定的时间，应在保证品质的基础上尽量缩短制作时间，提高效率，以满足顾客的需求。一般来说，简单的拉花图案在几十秒或几分钟内就能完成，而复杂的拉花图案则可能需要十多分钟。具体时间取决于咖啡师的技术熟练度和图案创新要求。

3. 拉花出品的稳定性要求

为了确保拉花出品的稳定性，需要从原材料、制作流程、技术、设备、环境卫生等方面进行综合考虑和改进。同时，需要不断总结经验，探索新的制作方法和技巧，以提高拉花出品的稳定性。

（1）原材料的稳定性

拉花要求使用品质稳定、优质的咖啡豆、牛奶等原材料。同时，需要定期检查原材料的品质和库存，确保其质量和供应的稳定性。

（2）制作流程的标准化

咖啡制作流程包括咖啡豆的研磨，咖啡液的萃取，牛奶的加热、打发等步骤，这些步骤均需要有明确的操作规程和控制标准。

（3）技术的熟练度

咖啡师需要经过专业的培训和练习，不断提高自己的技术水平。熟练的咖啡师能够更好地掌握各个环节，从而保证每一杯拉花咖啡的品质和稳定性。

（4）设备的维护和保养

为了保证设备的正常运行和稳定性，需要定期对设备进行维护和保养。例如，清洁咖啡机、磨豆机、奶泡机等设备，检查设备的运行状况，及时维修和更换损坏的部件。

（5）环境卫生的保持

咖啡拉花要求在干净、卫生的环境下进行。咖啡厅要保持清洁、整洁，设备、工具和操作台应定期清洗和消毒。同时，需要控制室内温度和湿度，确保制作环境的稳定性。

三、咖啡拉花操作要点

1. 缸杯高度

缸杯高度是指拉花缸与咖啡杯的距离，确切地说，应该是缸嘴至咖啡液面的距离，一般为 5~10 cm。每位咖啡师在拉花时的缸杯高度都有所不同，没有完全一样的距离，也没有固定的高度，但只要能让奶泡与咖啡充分融合就达到了目的。由于奶泡密度较小，咖啡师在融合时往往会抬高拉花缸，以增大其与咖啡液面的距离，避免破坏油脂的纯净度和颜色。一般情况下，奶泡越厚距离可以越大，奶泡越薄距离可以越小。

2. 融合手法

融合手法大致分为三种：一字融合法、画圈融合法和定点融合法。融合手法的使用取决于咖啡师的风格，对拉花流动性的影响不是非常大。

（1）一字融合法即在一条线上左右摆动地进行融合，这种方法可以较大限度地减少油脂被破坏的面积。

（2）画圈融合法即转着圈地进行融合，这种方法可以较大限度地在油脂表面进行移动。

（3）定点融合法则是在一个点上进行融合，这种方法几乎不破坏油脂表面的干净程度。

以上三种融合方法各有优缺点，从融合的状态和均匀程度来看，效果最好的为画圈融合法，即大面积融合。融合的面积越大，越容易使奶泡和咖啡充分地融合。定点融合法和一字融合法需要有特别优质的油脂和非常好的奶泡，所以一般建议使用画圈融合法进行拉花。

3. 奶流大小

奶流大小是指从拉花缸倒入咖啡杯时奶流的粗细，一般要求是在不间断的情况下偏细一点。

控制奶流大小的目的是：在保证奶泡和咖啡充分融合的同时，不破坏油脂的干净程度和颜色。过粗的奶流会产生较大的冲击力，可能出现砸入杯底产生乱流的现象，所以一般选择较细的奶流进行融合。

在实际操作中，要配合奶泡的质量对奶流的大小进行灵活调整。例如，奶泡偏厚，就要选择较远的距离和较细的奶流；相反，奶泡较薄，就可以选择微粗的奶流和较近的距离。

4. 融合量

融合量是指融合入咖啡杯中的奶泡量。融合量的大小直接影响液面的流动性。当融合液体较少（即奶泡较少）时，液面所含气泡较少，阻力较小，故流动性较高。当融合液体较多（即奶泡较多）时，液面所含气泡较多，阻力较大，故流动性较低。

四、咖啡拉花练习要点

1. 稳定性练习

使用水杯或空杯子模拟拉花过程，重点在于保持手势稳定，避免摇晃。

2. 晃动技巧练习

通过晃动手腕来调整牛奶的流动，使其与咖啡更好地融合。

3. 两杯连续出品练习

（1）确保两杯咖啡的品质一致

为了确保两杯咖啡的口感和拉花图案一致，咖啡师需要同时萃取两份咖啡，保证所使用的咖啡豆品质和研磨度一致。此外，在制作过程中，咖啡师需要使用相同的牛奶量和温度，以确保两杯咖啡的口感和品质一致。

（2）注意两杯咖啡的高度和操作姿势

在连续出品时，咖啡师需要注意两杯咖啡的高度并保持相同的姿势。高度应该相同，避免出现一个杯子高、一个杯子低的情况。同时，咖啡师的操作姿势也应该相同，以保持动作的一致性。

（3）控制融合量和融合时间

在连续出品时，咖啡师需要控制融合量和融合时间。融合量应适中，不要让牛奶和咖啡混合过度或混合不足。同时，咖啡师需要控制融合时间，以确保两杯咖啡的口感和拉花图案一致。

（4）注意时间控制

在连续出品时，时间控制非常重要。咖啡师需要在尽可能短的时间内完成两杯咖啡的制作，以确保顾客能够及时品尝到口感和拉花图案一致的咖啡。

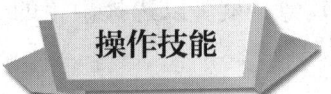

技能1　压纹郁金香拉花

一、操作准备

1. 设备准备

咖啡机、磨豆机。

2. 器具准备

咖啡杯、拉花缸。

3. 物料准备

咖啡豆、牛奶。

二、操作步骤

压纹郁金香拉花的操作步骤见表1-3。

表1-3　　　　　　压纹郁金香拉花的操作步骤

操作步骤	图示
步骤1　注入 咖啡杯倾斜40°或45°，拉花缸与液面距离5~8 cm，中间点注入牛奶，使牛奶直接穿过咖啡表层的油脂到达底层	

职业模块1　咖啡制作

续表

操作步骤	图示
步骤2　融合 　　顺/逆时针画椭圆形注入牛奶，以便让牛奶和咖啡液充分混合，注意注入的牛奶流量不能太大且保持流量不间断	
步骤3　起花 　　融合至5分满后，压低拉花缸，让缸嘴贴近咖啡液面，在中间点位置放出流量	
步骤4　第一层出图 　　放出流量的同时左右摆动形成纹路，纹路回包时后退，形成叶子	
步骤5　第二层出图 　　压低拉花缸，从中间落点做出一个爱心	

续表

操作步骤	图示
步骤6 成型 在原地放出流量，并向叶子端收尾	

技能2 天鹅拉花

一、操作准备

1. 设备准备

咖啡机、磨豆机。

2. 器具准备

咖啡杯、拉花缸。

3. 物料准备

咖啡豆、牛奶。

二、操作步骤

天鹅拉花的操作步骤见表1-4。

表1-4　　　　　　　　天鹅拉花的操作步骤

操作步骤	图示
步骤1 注入 咖啡杯倾斜40°或45°，拉花缸与液面距离5~8 cm，中间点注入牛奶，使牛奶直接穿过咖啡表层的油脂到达底层	

续表

操作步骤	图示
步骤2　融合 　　顺/逆时针画椭圆形注入牛奶，以便让牛奶和咖啡液充分混合，注意注入的牛奶流量不能太大且保持流量不间断	
步骤3　起花 　　融合至5分满后，压低拉花缸，让缸嘴贴近咖啡液面，在中间点位置放出流量	
步骤4　摆出天鹅身体 　　把握好流量，左右摆动4次	
步骤5　摆出天鹅翅膀 　　一边摆动一边向斜后方后撤拉花缸，画出叶子。抬高拉花缸，沿着叶子边缘画至中间点形成翅膀	 

续表

操作步骤	图示
步骤6　画出脖子与头部 　　画出天鹅脖子，随后在顶端轻轻摆动拉花缸，画出一颗小的心形，之后提起拉花缸，完成天鹅头部	

培训课程 2

浓度与萃取率调整

学习单元1　浓度、萃取率的判断

咖啡浓度与萃取率的调整是咖啡制作的关键环节,直接影响咖啡的口感与风味。掌握正确的判断和调整技巧,能够提升咖啡品质,满足顾客需求,提供更优质的咖啡体验。

一、咖啡浓度与萃取率

1. 浓度

浓度是指溶解于咖啡液中的可溶性物质质量占咖啡液质量的比例。咖啡浓度的计算公式是:

咖啡浓度 = 溶解于咖啡液中的可溶性物质质量(g)/咖啡液质量(g)×100%

咖啡浓度反映的是咖啡的口感。如果浓度太高,咖啡口感浓郁醇厚;如果浓度太低,咖啡口感平淡,缺乏层次感。

2. 萃取率

萃取率是衡量咖啡豆烘焙质量的重要指标,它可以反映咖啡豆的烘焙度以及咖啡的口味。咖啡萃取率的计算公式是:

咖啡萃取率 = 溶解于咖啡液中的可溶性物质质量(g)/咖啡粉质量(g)×100%

萃取率偏高或者偏低都会影响咖啡的口味。萃取不足时,咖啡会出现比较强烈的酸味或苦味;萃取过度时,咖啡可能会过于苦涩或有烧焦的味道。因此,可以通过品尝咖啡来判断萃取率是否合适。

3. 萃取率与浓度的关系

一般来说，萃取率越高，浓度也会越高。这是因为萃取率高，意味着有更多的可溶性物质被溶解出来，从而使咖啡液中的物质含量更高。但是，萃取率和浓度之间并不是线性关系，因为萃取率的提高可能会导致咖啡变得过于苦涩或有杂味，从而影响整体的口感体验。

浓度和萃取率的关系受到多种因素的影响。溶液中溶质的溶解度会直接影响浓度和萃取率。溶解度越高，溶质在溶液中的浓度也越高，从而提高了萃取率。

溶液中溶质的分子大小和形状也会对浓度和萃取率产生影响。分子较小、形状较规则的溶质更容易溶解，因此浓度和萃取率较高。此外，温度、压力等条件也会对浓度和萃取率产生一定的影响。

二、咖啡浓度的判断

1. 不同浓度咖啡的感官判断

不同浓度咖啡的感官判断方法见表 1-5。

表 1-5　　　　　　　　不同浓度咖啡的感官判断方法

方法	特征
观察咖啡颜色	浓度高的咖啡颜色较深，接近深棕色；浓度低的咖啡颜色较浅，呈现浅黄色或浅棕色
品尝咖啡口感	浓度高的咖啡口感更为浓郁，苦味和涩味更明显；浓度低的咖啡口感较为清淡，味道更柔和
观察咖啡质地	浓度高的咖啡质地更为浓稠，表面会形成一层明显的油脂；浓度低的咖啡则较为清淡，质地更为稀薄

2. 咖啡浓度仪

咖啡浓度仪是一种用于测量咖啡浓度的仪器，其原理基于光学吸收法。在咖啡浓度仪中，光电二极管接收经过样品的光线，并将接收到的光信号转化为电信号，通过计算机的处理即得到浓度值。

咖啡浓度仪的测量原理是基于朗伯比尔定律，即光线通过物质时的强度与物质的浓度成正比。在咖啡浓度仪中，光线穿过咖啡样品时，被咖啡中的色素和其他成分吸收,因此光线的强度会降低。根据朗伯比尔定律,光线强度降低的程度与咖啡中的色素和其他成分的浓度成正比。因此,可以通过测量光线强度的变化来确定咖啡的浓度。

咖啡浓度仪的测量精度取决于仪器的设计和制造质量,以及样品的制备和处理方法。在使用咖啡浓度仪进行测量前,需要将咖啡样品制备成均匀、稳定的溶液,以确保测量结果的准确性和可重复性。同时,在测量过程中需要控制咖啡样品的温度和搅拌速度,以确保测量结果的稳定性和可靠性。

咖啡浓度仪作为一种现代化的咖啡品质控制工具,已经成为咖啡行业必备的装备之一。咖啡浓度仪应用范围广泛,可用于咖啡生产和品质控制、咖啡豆评级、咖啡烘焙等领域。在咖啡生产过程中,测量咖啡浓度可以帮助生产者精确控制咖啡的口味,提高产品的竞争力;在咖啡豆评级和烘焙中,测量咖啡浓度可以帮助评估咖啡豆的质量和烘焙度,从而确定最佳的烘焙时间和温度,提高咖啡的品质和口感。咖啡浓度仪如图1-6所示。

图1-6 咖啡浓度仪

三、不同萃取程度的感官特征

不同萃取程度的感官特征见表1-6。

表1-6 不同萃取程度的感官特征

参数	萃取不足	萃取适度	萃取过度
油脂	淡薄,淡黄色,持久性差(少于1 min)	淡棕色或赤褐色,3~4 mm厚,持久性强(3~41 min)	深棕色,表面有白色块状物或不规则黑斑,持久性一般(1~21 min)

续表

参数	萃取不足	萃取适度	萃取过度
香气	基本感觉不到	集中且充足	微弱且有焦味
厚实度	稀薄	黏稠，饱满，圆润	厚重，刺激，持久的苦味

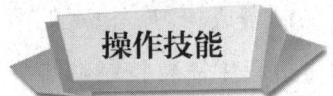

使用咖啡浓度仪测量咖啡浓度

一、操作准备

1. 器具准备

咖啡浓度仪、纸巾、酒精、棉签等。

2. 物料准备

待测量咖啡液样品、清水。

二、操作步骤

步骤1　测量前准备

用清水清洁咖啡浓度仪的棱镜，再用棉签蘸上酒精清洗棱镜。

步骤2　测量

滴2~3滴待测量咖啡液样品至咖啡浓度仪的棱镜表面，按下开始键。

步骤3　记录测量结果

测量值及温度将在3 s内显示，进行记录。

学习单元2　咖啡适度萃取

一、咖啡适度萃取范围

咖啡的萃取率一般在18%~22%之间。在这个范围内，咖啡的香气和风味会比较饱满，口感更有层次。如果萃取率低于18%，会导致咖啡的风味萃取不完整，缺乏层次和深度；如果萃取率高于22%，则容易萃取出一些其他物质，影响咖啡的口感。

不同类型的咖啡对咖啡浓度的要求有所差异。标准意式浓缩咖啡浓度一般为8%~12%，而不同地区的冲煮咖啡浓度有所差别。

1. **亚洲地区**

在亚洲地区，由于气候、土壤和海拔等因素的差异，咖啡的种植和萃取条件也会有所不同。亚洲地区冲煮咖啡浓度偏好略低于其他地区，通常在1.10%~1.30%。

2. **美洲地区**

美洲地区是世界上重要的咖啡产区之一，其咖啡以丰富的口感和香气而闻名。美洲地区冲煮咖啡浓度偏好与其他地区相似，通常在1.15%~1.35%。

3. **欧洲地区**

欧洲地区对咖啡的品质和口感要求较高，因此欧洲精品咖啡协会对萃取率和浓度的要求也相对较为严格。欧洲地区冲煮咖啡浓度偏好在1.20%~1.45%。

4. **非洲地区**

非洲地区的咖啡通常以独特的酸度和香气而著称。非洲地区冲煮咖啡浓度偏好略高于其他地区，通常在1.30%~1.55%。

需要注意的是，这些建议范围并不是绝对的，实际萃取率和浓度还会受到其他因素的影响，如咖啡豆的品种、烘焙度、磨豆方式等。因此，具体的萃取范围还需要根据实际情况进行调整。

二、咖啡适度萃取的感官特征

1. **风味变化**

在萃取咖啡时，水与咖啡粉接触后，会溶解出咖啡中的可溶性物质。萃取物质的顺序是由不同成分的溶解速度决定的。

在萃取初期，咖啡的酸度逐渐提升，甜感也较为明显。这是由于咖啡中的酸性物质如柠檬酸、苹果酸等开始溶解，而咖啡的甜味则来源于咖啡中的糖分和其他可溶性糖类物质。

随着萃取的进行，咖啡中的苦味物质逐渐溶解出来，这些苦味物质通常在咖啡的细胞组织内部，因此需要一定时间才能完全溶解。在这个阶段，酸味和苦味的平衡会发生变化，苦味会逐渐增强。如果萃取不足或水温偏低，可能会导致口感偏酸。

当萃取到一定程度，咖啡中的杂味和苦味会变得更加明显，这是由于一些不利于口感的物质也被更多地萃取出来。如果萃取过度，这些苦味和杂味会使咖啡口感过于浓烈和沉重。

萃取结束后，咖啡的口感会逐渐变得柔和，呈现出一种较为平衡的状态。酸、甜、苦、涩等味道会趋于相对均衡，口感也变得更加醇厚和丰富。

综上所述，萃取过程中咖啡的前段表现出甜味和明亮的果酸味，中段表现出浓郁的苦味和回甘，后段则表现出焦糖味、坚果香和回甘。

 小贴士

> 随着萃取的进行，水的温度会逐渐降低，而温度对咖啡风味也会产生影响。如果水温过高，会导致咖啡口感苦涩；如果水温过低，则会导致咖啡口感酸涩。
>
> 在萃取过程中，萃取压力过大或过小，都可能导致萃取物质的顺序和比例失衡，从而影响咖啡的口感和风味。

2. 视觉感受

观察咖啡的颜色和质地可初步判断咖啡的萃取程度。一般来说，萃取适度的咖啡应该呈深棕色，质地浓郁且具有光泽。如果咖啡颜色过浅或显得暗淡，则意味着萃取不足或咖啡豆的质量不佳。如果咖啡中混有杂色或沉淀物，则表示萃取不均匀或咖啡豆在处理过程中存在问题。

三、咖啡萃取率调整方法

1. 调整研磨度

通过调整研磨度可以改变咖啡粉与水的接触面积，从而影响溶解速率和溶解度。研磨越细，萃取率越高，咖啡浓度也越高；反之，研磨越粗，萃取率越低，咖啡浓度也越低。

一般来说，萃取率较低时，可以调细研磨度，增加咖啡粉与水的接触面积；

萃取率较高时,可以调粗研磨度,减少咖啡粉与水的接触面积。

2. 调整水温

水温越高,萃取率越高,但过高的水温可能导致咖啡口感苦涩,出现焦味;水温过低,则可能导致咖啡口感酸涩。因此,需要根据咖啡豆的特点和具体情况来调整水温,一般建议水温在 90~96 ℃。

3. 调整粉水比

粉水比是指咖啡粉与冲煮用水的比例。粉水比会影响咖啡的浓度和口感,也是影响萃取率的重要因素。通过调整粉水比,可以调整咖啡萃取率。在其他条件不变的情况下,咖啡粉量固定时,冲煮用水量越多,萃取率越高;冲煮用水量越少,萃取率越低。可以根据口感偏好和实际情况调整粉水比。

4. 调整萃取时间

萃取时间越长,溶解的可溶性物质越多,萃取率越高,咖啡浓度也越高;反之,萃取时间越短,溶解的可溶性物质越少,萃取率越低,咖啡浓度也越低。

四、咖啡萃取率调整流程

1. 确定萃取参数

确定萃取参数,如研磨度、水温、粉水比、萃取时间等,需要根据具体情况确定。

2. 称重咖啡粉

使用精确的电子秤称量所需的咖啡粉质量,确保称重准确,以获得精准的萃取率。

3. 计算萃取率

咖啡萃取率 = 咖啡液浓度 × 咖啡液质量/咖啡粉质量 × 100%。

4. 分析萃取结果

根据计算出的萃取率,判断咖啡的萃取程度。通常,萃取率在 18%~22% 被认为是理想的萃取范围。

5. 调整萃取参数

如果萃取率不在理想范围内,可以通过调整萃取参数,如研磨度、水温、粉水比、萃取时间等来调整咖啡的口感和风味。

6. 测试萃取效果

调整参数后,需要进行测试,确认萃取效果是否达到预期。如果萃取率不合适,需要继续调整参数,直到达到理想的萃取效果。

学习单元3　咖啡制作方案设计

设计咖啡制作方案可以帮助咖啡师制作出高品质的咖啡,同时也能够满足不同人群的口味需求。通过设计咖啡制作方案,咖啡师可以控制咖啡的萃取率和浓度,从而获得更好的咖啡口感和风味。此外,咖啡制作方案还可以帮助咖啡师了解咖啡豆的种类、新鲜度、烘焙度等,从而更好地选择和使用咖啡豆。

一、咖啡制作方案的内容

咖啡制作方案的内容包括确定萃取率、调整研磨度、确定水温、控制水量、调整冲煮时间和其他因素。

1. 确定萃取率

萃取率通常在18%~22%之间被认为是理想的范围,可以通过测量咖啡粉和最终咖啡液的质量来确定萃取率。

2. 调整研磨度

研磨度是指咖啡粉的粗细程度。研磨越细,萃取率越高,浓度也越高。反之,研磨越粗,萃取率越低,浓度也越低。可以根据所需的萃取率和浓度来调整研磨度。

3. 确定水温

水温也会影响萃取率和浓度。在其他条件不变的情况下,水温越高,萃取率越高,浓度也越高。但水温过高可能导致苦味和涩味,建议使用温度为90~96 ℃的水进行冲煮。

4. 控制水量

通过控制水量可以调整粉水比。当咖啡粉量固定时,水量越多,萃取率越高,浓度越低。水量越少，萃取率越低，浓度越高。可以根据所需的浓度来控制水量。

5. **调整冲煮时间**

   冲煮时间也会影响萃取率和浓度。在其他条件不变的情况下，冲煮时间越长，萃取率越高，浓度也越高。冲煮时间越短，萃取率越低，浓度也越低。

6. **其他因素**

   除了上述因素外，还需要考虑其他因素对萃取率和浓度的影响，如咖啡豆的种类、新鲜度、烘焙度等。

二、咖啡制作方案的设计原则

1. **确定目标受众**

   首先，要明确咖啡制作方案的目标受众，如家庭、办公室或咖啡馆等。不同的受众群体对咖啡的口味、品质和价格等方面有不同的需求和期望。

2. **选择合适的咖啡豆**

   咖啡豆的品质直接影响咖啡的口感和风味。因此，在设计咖啡制作方案时，要选择优质的咖啡豆，并根据目标受众的口味偏好进行调配。

3. **优化研磨过程**

   研磨是咖啡制作过程中非常重要的一个环节，合适的研磨度可以保证咖啡的口感和风味。因此，要根据不同的咖啡制作方法和设备，调整咖啡研磨度。

4. **控制水温和萃取时间**

   水温和萃取时间对咖啡的口感和风味也有很大影响。一般来说，水温越高、萃取时间越长，咖啡的味道就越浓烈。因此，要根据咖啡豆的种类和目标受众的口味偏好，调整水温和萃取时间。

5. **保持清洁卫生**

   在咖啡制作过程中，要保持设备和操作环境的清洁卫生，避免咖啡受到污染而影响口感和品质。

6. **注重细节和创新**

   在设计咖啡制作方案时，要注重细节，不断尝试新的配方和方法，以满足不同受众的需求和期望。同时，也要关注行业动态和技术发展，不断提升专业水平。

7. **成本控制**

   在满足目标受众需求的前提下，要尽量降低成本，提高利润空间，可以通过采购优质低价的咖啡豆、合理控制设备投资和维护成本等方式实现成本控制。

8. 营销推广

为了让更多的顾客了解和接受咖啡制作方案，需要进行有效的营销推广，可以通过线上线下活动、社交媒体宣传、口碑传播等方式，提高品牌知名度和美誉度。

三、咖啡制作参数的搭配原则与注意事项

1. 咖啡粉与水的比例

咖啡口味很大程度上取决于咖啡粉和水的比例。一般来说，建议使用 15 g 咖啡粉配以 225 mL（约一杯）热水。这个比例可以根据个人口味进行微调，但是建议不要超过 20 g/300 mL。

2. 水温与冲煮时间

水温越高，咖啡的味道越浓郁，但水温过高可能导致苦味和涩味，建议使用温度为 90~96 ℃ 的水进行冲煮。冲煮时间越长，咖啡的味道越浓郁，但冲煮时间过长也会导致苦味和涩味。

3. 研磨度与萃取时间

研磨度决定了咖啡粉的粗细，直接影响了咖啡粉与水接触的面积。咖啡粉越细，其表面积越大，与热水接触的面积也就越大，可以加速咖啡的萃取过程。反之，如果咖啡粉较粗，则其与水的接触面积就减小，萃取速率相应减慢。但是，如果咖啡粉磨得过细，会导致阻力增大，从而需要更长的时间进行萃取。

四、咖啡制作方案的编写要求

1. 明确目标

在编写咖啡制作方案时，需要明确目标，包括要制作的咖啡类型、口感和风味等。

2. 细化步骤

在方案中需要详细描述每一步的操作流程，包括咖啡豆的选取、研磨、冲煮、温度和时间等。

3. 量化参数

在方案中需要明确量化参数，包括咖啡粉和水的比例、研磨度、水温、冲煮

时间等。

4. 清晰明了

方案应该清晰明了，易于理解，避免使用模糊的语言和表述方式。

5. 具有可操作性

方案应该具有可操作性，能够被实际操作和执行，并且能够达到预期的效果。

6. 记录和总结

在完成咖啡制作后，需要对方案进行记录和总结，包括实际操作中存在的问题和改进建议等。

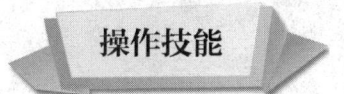

美式咖啡制作方案设计

一、操作准备

1. 设备准备

咖啡机、磨豆机。

2. 器具准备

计时器、电子秤、咖啡杯。

3. 物料准备

咖啡豆、水。

二、操作步骤

步骤1　确认咖啡豆信息

查看咖啡豆包装上描述的拼配比例和风味，了解咖啡豆的风味特点。

步骤2　磨豆

参考磨豆机的操作说明，调整研磨度，研磨咖啡豆。

步骤3　萃取

（1）使用电子秤称取研磨好的咖啡粉18 g，装入粉碗，正确填压并开始萃取。

（2）观察流状是否正常，记录萃取时间，是否在26~28 s的时间范围内。

（3）使用电子秤称量萃取出的咖啡液质量并记录。

步骤 4　品评

（1）如果感觉口感淡薄，可将研磨度调细一点，再重新萃取。

（2）如果感觉苦涩味很重，可将研磨度调粗一点，再重新萃取。

步骤 5　调整咖啡机参数

（1）根据记录的萃取时间调整咖啡机参数，目标是将萃取时间调整至 26～28 s。

（2）根据顾客的偏好要求调整咖啡机萃取速度

1）偏快的萃取速度会导致咖啡酸味明显。

2）偏慢的萃取速度会导致咖啡有苦涩味。

步骤 6　重新萃取

用调整好研磨度的磨豆机重新研磨咖啡粉，并进行萃取。

步骤 7　出品

根据顾客要求，制作咖啡。

三、注意事项

1. 研磨度、萃取时间可以根据顾客的口味进行调整，以满足口感和风味的要求。

2. 如果喜欢加糖或其他调料，可以在冲煮好的咖啡中加入适量的糖或牛奶等。

学习单元 4　咖啡出品流程设计

设计咖啡出品流程是为了确保咖啡制作的每个步骤都得到适当的执行，从而保证最终的咖啡口感和风味达到预期效果。设计咖啡出品流程是制作高品质咖啡的重要保障，也是提升咖啡品质和满足不同人群口味需求的重要手段。如果没有咖啡出品流程，制作出的咖啡可能会味道不均、口感不佳，甚至存在卫生和安全问题。因此，为了确保咖啡的品质和口感，以及顾客的健康和安全，设计咖啡出品流程是必不可少的环节。

一、出品流程的内容

1. 选择咖啡豆

选择适合的咖啡豆,不同种类的咖啡豆会有不同的风味特点。

2. 研磨咖啡豆

将选定的咖啡豆进行研磨,研磨的粗细程度会影响咖啡的口感和风味。

3. 准备设备及器具

准备咖啡机、磨豆机、滤纸、咖啡杯等设备及器具,并确保干净卫生。

4. 萃取咖啡

研磨咖啡豆,加入适量的水进行萃取。萃取的时间和温度会影响咖啡的口感和风味。

5. 添加调料

根据个人口味,可以在萃取好的咖啡中加入牛奶、糖、巧克力酱等调料,调制出不同口味的咖啡。

6. 清洁设备及器具

在完成咖啡制作后,需要将使用过的设备及器具清洁干净,保持卫生。

二、出品流程的设计原则

1. 保证品质和口感

咖啡出品流程的设计,首要目标是保证咖啡的品质和口感。为了达到这一目标,需要控制咖啡豆的选取、研磨、萃取等关键环节,确保咖啡风味达到最佳状态。

2. 提高效率

咖啡出品流程的设计也需要考虑制作效率。通过规范化的操作和合理的流程安排,可以提高咖啡的制作速度,满足大量的咖啡需求。

3. 保证卫生和安全

在咖啡出品流程的设计中,卫生和安全是至关重要的。所有接触咖啡的器具均必须清洁,防止食品污染。此外,咖啡豆和其他原材料的储存和处理也必须符合食品安全标准。

4. 可调整性和可持续性

咖啡出品流程的设计需要考虑可调整性，因为顾客的口味会变化，市场的需求也会变化，所以咖啡的口感和风味需要能够调整以满足市场需求。咖啡出品流程的设计还应考虑可持续性，尽量减少对环境的负面影响。

5. 标准化和一致性

为了确保每杯咖啡的味道和品质都符合标准，咖啡出品流程需要标准化，包括咖啡豆的选取、研磨、萃取等步骤的操作一致性。

三、出品流程管理及注意事项

1. 咖啡豆的选择和储存

选择优质的咖啡豆，并根据需要进行适当的储存。咖啡豆应存放在干燥、通风、避免阳光直射的地方，以保持其新鲜度和风味。

2. 研磨度的调整

根据不同的制作方式和顾客口味，调整咖啡粉的研磨度。细研磨适用于意式浓缩咖啡等高压萃取方式，粗研磨适用于滴滤咖啡等低压萃取方式。

3. 水温的控制

根据咖啡豆的特点和制作方式，控制合适的水温。一般来说，高温水适用于提取咖啡的酸度和香气，低温水适用于提取咖啡的甜度和苦味。

4. 萃取时间的控制

根据咖啡制作方式和顾客口味，控制合适的萃取时间。萃取时间过长会导致咖啡萃取过度，产生苦涩的味道；萃取时间过短会导致咖啡萃取不足，味道不够浓郁。

5. 设备的维护和清洁

定期清洁和维护咖啡制作设备，包括清洗咖啡机、磨豆机等设备，以及定期更换滤网和密封圈等易损件，维护良好的卫生条件。

6. 品尝和评价

建立品质控制体系，对每一杯咖啡进行品尝和评价。通过品尝可以评估咖啡的口感、香气、酸度等，及时发现问题并进行改进。

7. 培训和沟通

培训员工以提高其咖啡制作技巧和知识水平。同时，与员工保持良好的沟通，了解他们的需求和意见，共同改进工作流程和管理方法。

四、出品流程的编写要求

1. 明确目标

在编写出品流程时，首先要明确出品目标。例如，是要制作出高品质的咖啡，还是满足特定的口味需求。

2. 细化步骤

详细描述每一步的流程，包括选取、研磨、萃取、添加调料等步骤，确保流程的完整性和准确性。

3. 量化参数

对于关键的出品参数，如咖啡豆的研磨度、萃取水温、萃取时间等，需要进行量化描述，以便于实际操作。

4. 清晰明了

避免使用模糊的语言和表述方式，确保流程易于理解。同时，文字要简洁明了，避免冗余。

5. 具有可操作性

确保流程具有可操作性，能够被实际操作和执行。同时，也要考虑流程中可能出现的异常情况，并提出相应的处理措施。

6. 可持续改进

鼓励员工在实际操作中不断反馈问题，并提出改进建议。在此基础上，对出品流程进行持续的优化和改进。

7. 进行版本控制

对于出品流程的编写，需要进行版本控制，以便追踪流程的变化并进行维护。

职业模块 ❷

咖啡品鉴

培训课程 1

感官辨识

学习单元1　味觉与咖啡品鉴

一、味觉的形成

1. 味觉感受器

味蕾是味觉感受器，其中聚集着味觉受体细胞，这些细胞由上皮细胞分化而成。味蕾呈卵圆形，味孔位于其结构顶端，开口位于舌头表面，主要分布于轮廓乳头靠近轮廓沟的侧壁上皮中。此外，菌状乳头、叶状乳头、软腭、会厌及咽部上皮内也有味蕾分布。

当食物中的可溶性呈味物质与味觉受体细胞接触时，会刺激感受器产生信号，并传达至神经中枢，最终形成味觉。

2. 味觉地图

目前，较为一致的观点是将酸、甜、苦、咸、鲜划分为基本味觉。口腔中不同区域的味蕾，对不同味道的敏感程度存在一定差异。舌的每个区域均能尝出基本味道，只是不同区域对每种味道的敏感阈值不同。一般来说，对甜味比较敏感的味蕾位于舌尖区域；舌两侧的区域，前部区域的味蕾对咸味比较敏感，后部区域的味蕾则对酸味比较敏感；对苦味更敏感的味蕾主要分布于舌根，少量分布在软腭。

二、咖啡滋味的类型与来源

1. 咖啡酸味

咖啡酸味来源于咖啡生豆本身以及烘焙过程。咖啡树在生长过程中可自行合成丰富的有机酸（包括绿原酸、奎宁酸、柠檬酸、苹果酸等），而这些有机酸在烘焙前后都会有增减的情况发生，不同的烘焙度，有机酸含量有所不同。

在高温烘焙下，许多有机酸经过一系列降解聚合，加上蔗糖的分解产物，最终形成咖啡中复杂又迷人的酸香物质。烘焙完成后的咖啡熟豆中，对咖啡酸味影响较大的有机酸包括绿原酸、奎宁酸、柠檬酸、苹果酸、磷酸、醋酸及乳酸等。

（1）绿原酸、奎宁酸

绿原酸是咖啡豆中含量最丰富的有机酸，其本味品尝起来更多的是苦涩的酸。绿原酸在烘焙过程中可部分分解为奎宁酸与咖啡酸，使咖啡熟豆中的奎宁酸浓度增加，即深度烘焙咖啡熟豆的奎宁酸浓度会比浅度烘焙咖啡熟豆更高。奎宁酸本身不具有挥发性，仅能在味觉中感知到苦涩味，而咖啡酸则略带涩味。

（2）柠檬酸、苹果酸

与绿原酸一样，柠檬酸和苹果酸主要来自咖啡树生长过程中新陈代谢的产物，由咖啡树通过细胞呼吸所产生。与奎宁酸不同，两者的浓度会随着烘焙而逐步递减。柠檬酸与苹果酸均为非挥发性有机酸，无法通过鼻子嗅到香气，需要依靠味觉感知酸质的不同。值得注意的是，这两种有机酸并不具有水果香气，只因其在柠檬与苹果中含量较高而得以命名。在咖啡中，适量的柠檬酸与苹果酸可有效增加咖啡的明亮度与酸质，但含量过高会让咖啡呈现出尖酸涩口的口感，最终导致整体风味失衡。

（3）磷酸

作为一种无机酸，磷酸日常可作为食品添加剂使用，在咖啡酸质中起到的作用目前还存在争议，咖啡树本身并不生成磷酸。一般认为，咖啡中的磷酸主要来源于种植期间，咖啡树吸收了土壤中的植酸，经过烘焙后，降解为磷酸。

（4）醋酸、乳酸

一般认为咖啡生豆中微量的醋酸来自咖啡生豆处理过程，如过度的水洗发酵会促使咖啡的酸质过于尖锐，并增加醋酸的含量。咖啡生豆中的蔗糖在烘焙中也可分解生成醋酸、乳酸、甲酸、甘醇酸等。在烘焙过程中，由于蔗糖的分解，酸的含量会先增加，在浅度烘焙至中度烘焙时达到最高值。如果温度持续升高，进入中度和深度烘焙后，由于高温分解作用，酸的含量逐渐减少。咖啡中的醋酸、乳酸会影响咖啡风味，适量的醋酸与乳酸能提高咖啡风味，但若含量过高，则会出现酸臭腐败味，形成负面口感。

2. 咖啡甜味

咖啡生豆中碳水化合物占比接近50%，其中的主要成分为纤维素，属于不溶于水、无甜味的多糖物质。咖啡生豆中属于可溶于水并能品尝出甜味的单糖与蔗糖类，在烘焙中参与各类化学反应而分解消失。咖啡豆化学成分见表2-1。

表2-1　　　　　咖啡豆化学成分（数字为相应成分的质量分数）

组成成分	阿拉比卡		罗布斯塔	
	咖啡生豆	咖啡熟豆	咖啡生豆	咖啡熟豆
多糖	43~45	24~39	46.9~48.3	20~35
单糖	0.2~0.5	0	0.2~0.5	0
蔗糖（双糖）	6~9	0	3~5	0
脂类	14~18	14.5~20	9~12	11~16
蛋白质	11~13	5~8	11~13	5~8
有机酸	5.5~8	1.2~2.3	7~10	3.9~4.6
矿物质	3~4.2	3.5~4.5	4~4.5	4.6~5
咖啡因	0.9~1.2	1左右	1.6~2.4	2左右
葫芦巴碱	1~1.8	0.5~1	0.6~1.2	0.3~0.6

咖啡中的甜并非通俗意义上味蕾所感知到的甜味，更多的是结合嗅觉，包括鼻前嗅觉与鼻后嗅觉所感知到的甜感香气，即芳香类物质，如花果香气、焦糖香气。正如日常生活中人们可以在熟透的苹果、菠萝、芒果等水果中通过嗅闻感知到明显的香甜味。

咖啡中的甜感香气多来源于咖啡烘焙中所发生的各种复杂的化学反应（如焦糖化反应与美拉德反应），主要由酮类物质（以呋喃酮与葫芦巴内酯最具代表性）提供。

一般认为，咖啡中呋喃酮的含量在中度烘焙时达到高峰，而后随着烘焙度的加深而逐渐减少。若处理得当，也可在深度烘焙下感知到部分甜感香气。

除此之外，咖啡生豆品种、处理方式以及咖啡鲜果的成熟程度等也会在一定程度上影响咖啡中的甜感香气。

3. 咖啡苦味

目前，咖啡中已知的苦味物质主要为生物碱、绿原酸烘焙产物、美拉德反应产物等。影响咖啡苦味的主要因素有烘焙方式、咖啡生豆品种、萃取方式等。

（1）烘焙方式

烘焙是咖啡致苦的主要原因。烘焙中的苦味物质主要来源于绿原酸烘焙产物和美拉德反应产物。

1）绿原酸烘焙产物。绿原酸内酯与多羟基苯基林丹类化合物是咖啡苦味最重的两类物质，两者皆是绿原酸在烘焙过程中产生的降解产物。其中绿原酸内酯含量在中度烘焙条件下最高，随着烘焙温度持续上升，烘焙度逐步加深，绿原酸内酯会发生分解，多羟基苯基林丹类化合物含量不断增加。

在烘焙过程中，部分绿原酸受热分解为咖啡酸和奎宁酸，随着烘焙度的加深，奎宁酸含量逐步递增，也被认为是咖啡苦味的来源之一。

2）美拉德反应产物。咖啡生豆中含有一定比例的糖类与蛋白质，具备美拉德反应的发生条件。美拉德反应产物又称类黑精，是一类结构复杂、棕褐色的含氮化合物，是咖啡苦味的来源之一。美拉德反应产生的苦味物质主要为哌嗪、呋喃、吡咯等非挥发性的杂环化合物。此外，在加热条件下，美拉德反应产物还可与绿原酸烘焙产物发生反应，生成新的苦味化合物。

总体来看，中度烘焙咖啡，苦味物质主要为绿原酸内酯和美拉德反应产物；而对于深度烘焙咖啡，起决定性作用的苦味物质为多羟基苯基林丹类化合物和美拉德反应产物。

（2）咖啡生豆品种

不同品种的咖啡生豆中，咖啡因与绿原酸的含量不同。罗布斯塔咖啡生豆所含咖啡因与绿原酸均高于阿拉比卡咖啡生豆。阿拉比卡咖啡生豆中的绿原酸含量占豆重的5.5%~8%，罗布斯塔咖啡生豆中的绿原酸含量则占豆重的7%~10%。绿原酸的种类非常多，在烘焙过程中会分解成其他苦味物质，是咖啡苦味的主要来源之一。

（3）萃取方式

在咖啡萃取过程中，不同分子大小的物质会随着萃取的进行而逐步被萃出。小分子和中分子物质会被优先大量萃取出来，如提供花果香气的小分子风味物质或有机酸等；而提供醇厚口感与苦味的大分子物质会在最后被萃出。所以，控制萃取进程和提高萃取质量可以一定程度上减少咖啡中的苦味。换言之，当发生过度萃取时，如过高的水温、过细的研磨度与过长的萃取时间，则可能出现过度明显的苦味。

技能 1　酸味的辨别

一、操作准备

1. 设备准备

咖啡机、磨豆机。

2. 器具准备

电子秤、咖啡杯、量杯、搅拌棒等。

3. 物料准备

深度烘焙意式咖啡豆 100 g、无水柠檬酸粉末 50 g、DL-苹果酸粉末 50 g、食品级 85% 浓度磷酸溶液 50 g、纯净水若干。

二、操作步骤

步骤 1　制备不同酸的稀释液

（1）制备 20% 浓度柠檬酸稀释液

1）用电子秤称取 10 g 无水柠檬酸粉末。

2）将称量好的无水柠檬酸粉末倒入 100 mL 量杯中，继续倒入纯净水，直至总质量为 50 g。

3）用搅拌棒搅拌均匀，直至无水柠檬酸粉末完全溶解，得到稀释液后备用。

（2）制备 20% 浓度 DL-苹果酸稀释液

1）用电子秤称取 10 g DL-苹果酸粉末。

2）将称量好的 DL-苹果酸粉末倒入 100 mL 量杯中，并用纯净水补至总质量为 50 g。

3）用搅拌棒搅拌均匀，直至 DL-苹果酸粉末完全溶解，得到稀释液后备用。

（3）制备20%浓度磷酸稀释液

1）用电子秤在100 mL量杯中称取12 g的85%浓度磷酸溶液。

2）用纯净水补至总质量为51 g。

3）用搅拌棒搅拌均匀，直至得到稀释液后备用。

步骤2　制作美式咖啡

用咖啡机萃取意式浓缩咖啡作为基底，并制作3杯热美式咖啡。

步骤3　添加不同的酸稀释液

在美式咖啡中分别加入不同的酸稀释液，添加量分别为：每100 g美式咖啡中，20%浓度磷酸稀释液的添加量为0.25 g，20%浓度柠檬酸稀释液与20%浓度DL-苹果酸稀释液的添加量均为0.5 g。

步骤4　品尝

对3杯添加了不同酸稀释液的美式咖啡逐杯进行品尝，注意不同酸质的差异。

步骤5　记录

在品尝后对添加了不同酸稀释液的美式咖啡的酸味和香气进行记录。

三、注意事项

1. 在品尝添加了不同酸稀释液的美式咖啡的间隙，注意使用纯净水清洁口腔，以避免不同风味间产生干扰。

2. 酸稀释液的添加量可根据实际饮用情况酌情调整，以能品尝出酸味差异为准。

技能2　甜味的辨别

一、操作准备

蔗糖、黄糖、红糖各100 g，纯净水若干。

二、操作步骤

步骤1　准备稀释液

将3款100 g的糖（蔗糖、黄糖、红糖）用纯净水稀释至浓度为6%的稀释液。

步骤2　品尝

对3种不同稀释液进行品尝，除甜味强度外，注意仔细分辨不同甜感香气的差异。

步骤3　记录

在品尝后对3种不同稀释液的甜感香气进行记录。

三、注意事项

在品尝不同稀释液的间隙，注意使用纯净水清洁口腔，以避免不同风味间产生干扰。

技能 3　苦味的辨别

一、操作准备

同一品牌的 3 种可可含量不同的原味黑巧克力（如 80% 以上、60%~80%、60% 以下），纯净水若干。

二、操作步骤

步骤 1　品尝

直接品尝不同可可含量的原味黑巧克力，推荐从可可含量低的黑巧克力逐步品尝至可可含量高的黑巧克力，注意仔细辨别苦味的差异。

步骤 2　记录

在品尝后对不同可可含量的黑巧克力的苦味进行记录。

三、注意事项

在品尝不同可可含量的黑巧克力的间隙，注意使用纯净水清洁口腔，以避免不同风味间产生干扰。

技能 4　咖啡中常见滋味的辨别与描述

一、操作准备

1. 设备准备

磨豆机。

2. 器具准备

聪明滤杯、滤纸、电子秤、咖啡杯、分享壶、计时器、温控加热壶等。

3. 物料准备

不同烘焙度（浅度烘焙、中度烘焙、深度烘焙）的哥伦比亚、埃塞俄比亚咖啡豆，纯净水。

二、操作步骤

步骤 1　设定咖啡冲煮参数

根据测试需求，设定咖啡冲煮参数，采用同一冲煮参数完成咖啡液的制备，

参数如下:

(1) 粉水比:1:15。

(2) 水温:92~94 ℃。

(3) 研磨度:采用手冲研磨度。

(4) 萃取时间:3.5~4 min。

步骤2　萃取咖啡

(1) 将滤纸放入聪明滤杯中,用冲煮用水打湿滤纸后排空热水。

(2) 将研磨好的15 g咖啡粉倒入聪明滤杯中。

(3) 按下计时器的同时,一次性注入225 g热水至聪明滤杯中。

(4) 在3.5~4 min时停止萃取,将咖啡液过滤至分享壶。

步骤3　品尝与记录

在品尝后,对不同烘焙度的哥伦比亚咖啡的滋味(酸、甜、苦)差异进行比对并记录;对同属于浅度烘焙的哥伦比亚咖啡与埃塞俄比亚咖啡的不同滋味(酸、甜、苦)进行比对并记录。

三、注意事项

1. 尽可能保证咖啡液的温度接近,避免温度差异带来的风味变化。

2. 在品尝不同咖啡的间隙,注意使用纯净水清洁口腔,以避免不同风味间产生干扰。

学习单元2　嗅觉与咖啡品鉴

一、嗅觉的形成

嗅觉是一种由感官感受的知觉,由物体发散于空气中的物质微粒作用于鼻腔上的嗅觉感受器而引起。嗅觉感受器位于鼻腔顶部,称为嗅黏膜,这里的嗅细胞受到某些挥发性物质的刺激就会产生神经冲动,沿嗅神经传入大脑皮层而引起嗅觉。

嗅觉的形成过程:环境中的气体分子进入鼻腔→刺激嗅觉感受器→产生神经

冲动→沿嗅神经传入大脑皮层→经过大脑的综合分析形成嗅觉。

二、咖啡香气

1. 干香

（1）干香的特质

咖啡的干香是指咖啡豆被研磨成咖啡粉，在未与水接触、保持干燥的状态下所散发出来的香气。咖啡豆在研磨时，内部纤维断裂，二氧化碳携带室温下为气态的芳香物质一同释放，这些芳香物质就是干香的本质。人们需要调动自己的鼻前嗅觉，直接通过鼻孔靠近咖啡粉嗅闻去感知咖啡的干香。

不同产区、处理法、烘焙度的咖啡粉，散发的香气类型也不同。一般来说，小分子量的芳香物质由于流动性最强，会最先挥发出来，如花草水果类等；分子量中等的芳香物质，由于分子流动性较慢，释放速度较缓，如焦糖、巧克力和坚果等；而香气类型偏向于松脂味、香料味的分子量更大的芳香物质，香气保留时间则较为持久。

（2）干香的描述

描述干香时，可先对嗅闻到的咖啡干香进行较为粗略的类别划分，如水果类；再深入细化至具体的水果类别，如柑橘类、莓类、果干或其他类；随后调动味觉记忆，依据实际感知，逐步具体化风味描述，如柠檬、橙子、蓝莓、葡萄干、苹果等。一般在干香中，常用的描述词有柑橘、柠檬、苹果、樱桃、红茶、香料、花香、焦糖等。

2. 湿香

（1）湿香的特质

咖啡的湿香，一般是指用热水冲煮咖啡所释放出来的香气。由于部分特定的芳香物质无法在室温下汽化，因此需要通过与热水接触，促使此类芳香物质由液态转变为气态并最终释放出来，这些释放的气体（多为较大分子的酯类、醛类、酮类）构成了人们所闻到的湿香。在分辨咖啡豆的湿香时，需要调动鼻前嗅觉，凑近咖啡液进行嗅闻。需要注意的是，嗅闻时需要小心，防止被刚注水后的高温所烫伤。

（2）湿香的描述

描述湿香时，可参考干香。先进行大的分类，再逐步细化，通过持续性的练习，最终完成具体化香气的辨别。咖啡的湿香更倾向于由果香、草香和坚果香组成的混合体，常用香料、柑橘、黄瓜、焦糖、巧克力、榛果、杏仁、花生等来描述湿香。

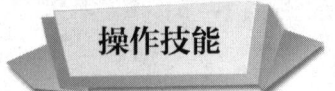

技能 1 咖啡干香的辨识与描述

一、操作准备

1. 设备准备

磨豆机。

2. 器具准备

电子秤、咖啡杯等。

3. 物料准备

同一产区、同一处理法、不同烘焙度（浅度烘焙、中度烘焙、深度烘焙）的咖啡豆各 100 g，相同烘焙度、不同产区（或处理法）的咖啡豆各 100 g。

二、操作步骤

步骤 1　研磨

按照磨豆机的使用步骤，采用手冲研磨度，完成咖啡豆样本的研磨，每一样本的研磨量须保持一致。每次更换咖啡豆研磨时，须先对磨豆机进行洗豆操作，即先研磨少量即将研磨的咖啡豆并丢弃，避免不同咖啡豆间互相污染而影响香气。

步骤 2　干香的嗅闻与辨别

（1）对同一产区、同一处理法、不同烘焙度的咖啡干香进行嗅闻，仔细辨别不同烘焙度咖啡干香的差异，进行香气比对并记录。

（2）对相同烘焙度、不同产区（或处理法）的咖啡干香进行嗅闻，仔细辨别不同产区（或处理法）咖啡干香的差异，进行香气比对并记录。

三、注意事项

1. 在咖啡豆研磨后应尽快进行干香的嗅闻，避免香气挥发后影响嗅闻效果。如无法立即嗅闻干香，应注意对研磨后的咖啡粉进行密封处理。

2. 在持续嗅闻后，如出现嗅觉疲劳现象，即对干香的感知减弱，可转而嗅闻一下其他物品，可有效缓解对特定香气感知减弱的现象。

技能2 咖啡湿香的辨识与描述

一、操作准备

1. 设备准备

磨豆机。

2. 器具设备

电子秤、咖啡杯、热水壶、温度计、计时器、咖啡勺等。

3. 物料准备

同一产区、同一处理法、不同烘焙度（浅度烘焙、中度烘焙、深度烘焙）的咖啡豆各100 g，相同烘焙度、不同产区（或处理法）的咖啡豆各100 g，纯净水若干。

二、操作步骤

步骤1 研磨

按照磨豆机的使用步骤，采用手冲研磨度，完成咖啡豆样本的研磨，每一样本的研磨量须保持一致。每次更换咖啡豆研磨时，须先对磨豆机进行洗豆操作，避免不同咖啡豆间互相污染而影响香气。

步骤2 注水

采用92~94 ℃的热水，以1∶16的粉水比，对咖啡粉完成一次性注水，在注水开始的同时，按下计时器，建议浸泡时间为3~4 min。

步骤3 嗅闻

在完成注水后即可嗅闻湿香，在浸泡结束时，可用咖啡勺轻轻拨开浮于咖啡杯上层的粉渣，嗅闻湿香。在拨开的一瞬间，原本掩盖于粉渣下的香气会扑鼻而来，此时湿香最为突出。随着时间流逝，咖啡液温度下降，香气逐步退散。每拨开一杯咖啡粉渣后，均要清洗咖啡勺并控干水分，避免不同湿香之间互相干扰。

步骤4 湿香的辨别与记录

（1）对同一产区、同一处理法、不同烘焙度的咖啡湿香进行嗅闻，仔细辨别不同烘焙度咖啡湿香的差异，进行香气比对并记录。

（2）对相同烘焙度、不同产区（或处理法）的咖啡湿香进行嗅闻，仔细辨别不同产区（或处理法）咖啡湿香的差异，进行香气比对并记录。

三、注意事项

1. 由于水温较高，切勿在注水后立即嗅闻湿香，应稍等片刻，避免被温度较高的蒸汽烫伤。

2. 如出现嗅觉疲劳现象，可参照技能1中的相关操作进行缓解。

学习单元3　口腔触觉与咖啡品鉴

一、口感的来源

1. 口感机制：触觉感受传递到大脑

口感属于触觉中的一种，本质上来源于进食时或进食后食物对口腔的物理刺激所衍生出来的触觉感受。当食物与口腔发生物理接触时，可触发口腔中的感官受体将感知到的刺激信号传递至大脑，形成口感认知。口腔中的感官受体可对触压、热刺激、化学刺激及机械刺激产生反应，主要分布于舌面、上腭、牙床、口腔黏膜等部位。

2. 咖啡中的胶质体

咖啡液中存在着部分不溶性固体物质，分别为咖啡渣与蛋白质。咖啡渣来自冲煮时从咖啡粉上被冲刷下来并残留于咖啡液中的咖啡纤维颗粒；蛋白质则产生于烘焙过程中，是咖啡豆所发生的一系列化学反应中的产物之一。除此之外，咖啡液中还悬浮着咖啡油脂，能够提升咖啡的顺滑感。

当咖啡液中的咖啡油脂与不溶性固体物质相结合时，可形成咖啡胶质体，增加咖啡口感。同时，咖啡胶质体可通过吸附或吸收其他化学物质而影响咖啡的风味。例如，咖啡胶质体吸附于芳香物质上时，可促使此类物质保存于咖啡液中，提升咖啡风味。咖啡胶质体可悬浮于咖啡液中，但持续的加热会破坏其稳定性，在重力的作用下，促使咖啡胶质体分离，咖啡油脂在咖啡液表面形成油状层，不溶性固体物质聚合后沉降于杯底。

二、咖啡的口感

咖啡的口感是指饮用咖啡时，咖啡液体在口腔中所表现的触感，主要为咖啡液在舌上的重量感与在舌面和上腭之间质感的综合表现。咖啡口感的差异，除了受到咖啡液中咖啡油脂与咖啡胶质体数量的影响外，还与咖啡液中可溶性固体物质的含量有关。通常来说，咖啡液中源自咖啡本身的可溶性固体物质、咖啡油脂与咖啡胶质体含量越高，咖啡口感越顺滑、厚实乃至黏稠。例如，采用同一款咖啡豆制作的美式咖啡与意式浓缩咖啡，意式浓缩咖啡的口感明显要比美式咖啡更为厚实、醇厚。一杯好的咖啡，口感可以是轻盈柔和的，也可以是厚实的，但应控制在一个合适的范围内，过轻或过重都有可能带来负面评价。

若初次品尝，难以理解咖啡口感的差异性，可通过对比饮用水和牛奶的口感，体会两者在厚实度与顺滑度上的差异，初步形成对口感的感知印象。

1. 口感的影响因素

造成咖啡口感差异的主要影响因素有咖啡豆品种、生豆处理方式、烘焙度及冲煮方式等。

（1）咖啡豆品种

不同品种的咖啡豆，具有其本身特有的风味图谱，咖啡豆品种奠定了咖啡豆的风味基础。例如，哥伦比亚咖啡豆的醇厚度明显优于埃塞俄比亚咖啡豆。

（2）生豆处理方式

不同的生豆处理方式，可引导咖啡豆表现出不同的风味走向。一般来说，同一品种、同一产区的咖啡豆，采用水洗处理法要比采用日晒处理法的口感更薄。

（3）烘焙度

一般来说，随着烘焙度的逐步加深，咖啡中可提高口感的化学物质会持续生成累加，咖啡口感的醇厚度也会随之增加。

（4）冲煮方式

冲煮方式不同，萃取方式与过滤方式不同，会呈现截然不同的咖啡风味，口感亦如此。意式浓缩咖啡由于采用加压方式进行快速萃取，并使用了金属滤网，可以萃取并保留更多的咖啡油脂与不溶性固体物质，具有黏稠、厚实的口感。而在手冲制作方式中，当采用同一种萃取器具时，除了可以通过调整粉水比改变咖啡浓度外，还可以采用不同的过滤方式以带来不同的口感，如金属滤网、滤布、滤纸，由于材质不同，对咖啡油脂、部分不溶性固体物质与咖啡胶质体的过滤效果也不同，当萃取条件相同，咖啡液浓度保持一致时，其口感的厚实度和顺滑度也会不同。

2. 口感的评价

咖啡液口感的评价一般包括两个维度：咖啡液在舌上的重量感与咖啡液在口腔中的质感。重量感的描述词从重到轻包括厚重的、厚实的、醇厚的、中等的、轻的、单薄的、像水一样的等。质感的描述词有黏稠的、饱满的、顺滑的、圆润的、柔和的、细腻的、清爽的、干涩的、粗糙的、粉末感、颗粒感等。在进行咖啡口感描述时，可对描述词进行具象化类比描述，如顺滑感可以类比牛奶带来的质感，黏稠感可类比糖浆的口感，这样在进行口感交流时可以更方便双方理解。对于咖啡口感的评价，质感会比重量感更重要一些。

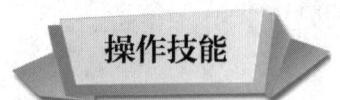

咖啡口感的辨识与描述

一、操作准备

1. 设备准备

磨豆机。

2. 器具准备

聪明滤杯、法压壶、电子秤、分享壶、计时器、温控加热壶、试饮杯等。

3. 物料准备

哥伦比亚、埃塞俄比亚浅度烘焙咖啡豆，纯净水。

二、操作步骤

步骤1　咖啡冲煮参数的设定

根据测试需求，进行咖啡冲煮参数设定，采用同一冲煮参数完成4款咖啡液的制备，参数如下：

（1）粉水比：1∶15。

（2）水温：92~94 ℃。

（3）研磨度：采用手冲研磨度。

（4）萃取时间：3.5~4 min。

步骤2　咖啡的萃取

在采用同一冲煮参数的前提下，采用聪明滤杯对哥伦比亚和埃塞俄比亚的浅度烘焙咖啡豆进行萃取，采用法压壶对哥伦比亚浅度烘焙咖啡豆进行萃取。

步骤 3　品尝与记录

品尝采用聪明滤杯萃取的哥伦比亚与埃塞俄比亚咖啡，对口感的差异性进行比对并记录，体会不同品种咖啡的口感差异。对采用不同冲煮器具制作的哥伦比亚咖啡进行品尝，比对口感差异并记录，了解不同萃取方式所带来的口感差异。

三、注意事项

1. 尽可能保证咖啡液的温度接近，避免温度差异带来的风味变化。
2. 在品尝不同咖啡的间隙，注意使用纯净水清洁口腔，以免不同风味间产生干扰。

学习单元 4　咖啡风味轮

一、咖啡风味的组成

咖啡风味是由味觉、嗅觉、口腔触觉协同作用所带来的综合效应的感知。当人们对咖啡风味进行评价时，需要调动整个感官系统进行品鉴，包括可以嗅闻到咖啡香气（干香/湿香）的鼻前嗅觉，在饮用时感知咖啡酸、甜、苦、咸的味觉系统，以及感知咖啡液口感的口腔触觉。只有通过多种感官体验结合所形成的综合感官感受才能塑造出对咖啡风味的完整认知。当然，咖啡中除了有类似于柠檬、浆果、焦糖的正向风味，也有诸如收敛感、过度发酵等的负面风味，这些风味都能通过感官系统被人们所感知捕获。

当我们在向他人描述咖啡风味时，可能出现过无法顺利表达所感知的咖啡风味，或是无法快速响应他人所描述的咖啡风味等情况。但这并不代表我们对咖啡的感知能力比其他人弱，更多的时候仅仅是因为我们本身对于各种事物的风味记忆库储备不足。例如，当一款咖啡出现较为明显的柠檬草香气时，如果此前未曾接触过柠檬草，自然无法将其与眼前的咖啡联系在一起。因此，需要留意日常生活中出现的各种味道，不断扩大风味记忆库，而风味记忆库的持续积累也可以有效地训练咖啡师的感知能力。尝试体验到的味道越多，对这些味道越熟悉，那么在品尝到类似的风味时，就越能更快地将两者联系在一起并表达出来，从而也能品尝出更多之前被忽视的香气。

二、咖啡风味轮的使用

咖啡风味轮（见图2-1）作为风味辨识工具并非专供咖啡专业人员使用，任何人有兴趣都可以利用咖啡风味轮对品尝的咖啡风味进行辨识。标准化的咖啡风味轮可以作为咖啡品鉴时的基础性语言，让来自各地的咖啡饮用者更为方便地沟通交流，分享咖啡风味。

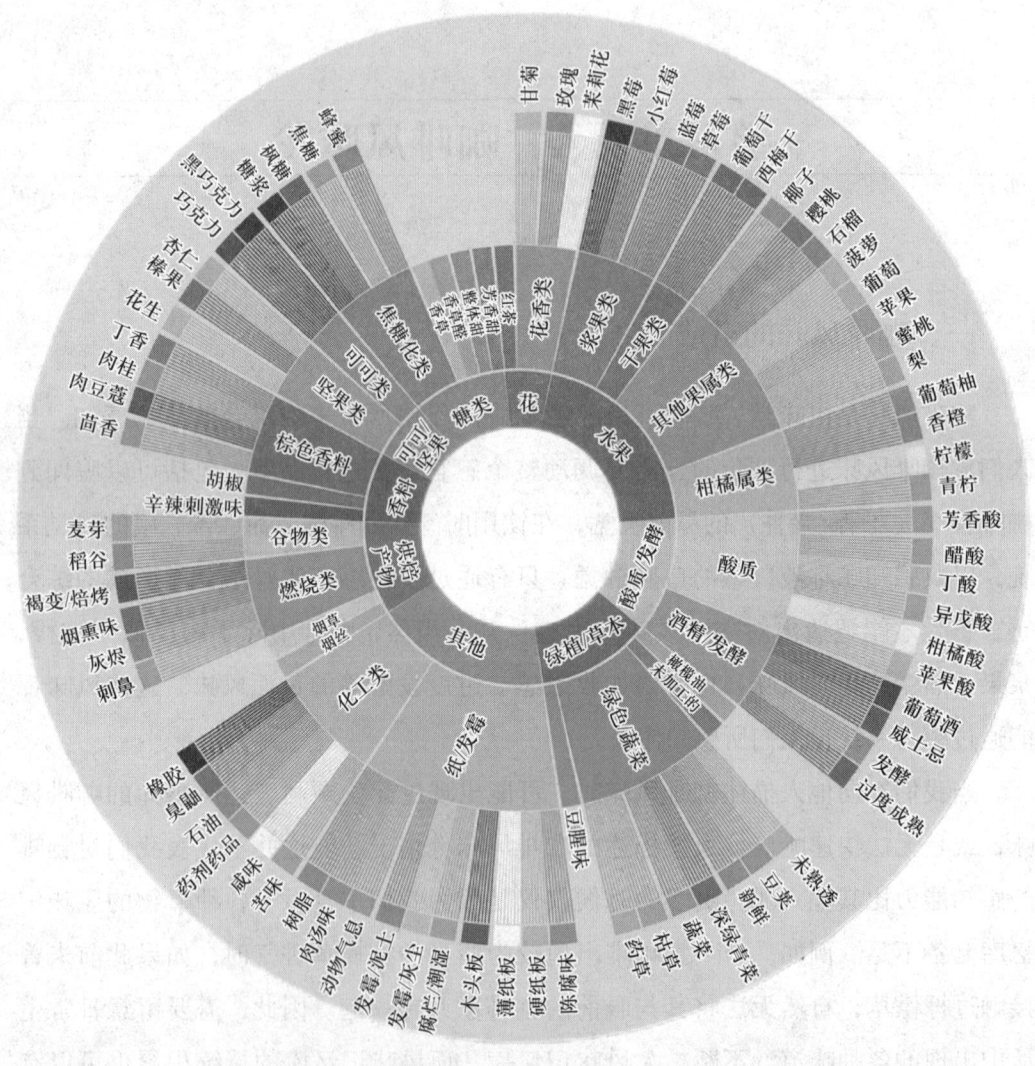

图2-1 咖啡风味轮

一般推荐从中心点逐步往外扩展的方式使用咖啡风味轮。先从较为容易辨别的内环,即基本大类开始,再到中环中容易混淆的细分类别,最终扩展至外环上的具体味道。

咖啡风味轮风味辨识

一、操作准备

1. 设备准备

磨豆机。

2. 器具准备

聪明滤杯、电子秤、分享壶、计时器、温控加热壶、试饮杯等。

3. 物料准备

不同地区咖啡豆。

二、操作步骤

步骤1 研磨

按照磨豆机的使用步骤,采用同一研磨度,完成各咖啡豆样本的研磨。

步骤2 萃取参数的设定

根据测试需求,设定咖啡冲煮参数,应采用同一冲煮参数完成两款咖啡液的制备,参数如下:

(1)粉水比:1∶15。

(2)水温:92~94 ℃。

(3)研磨度:采用手冲研磨度。

(4)萃取时间:3.5~4 min。

步骤3 咖啡的萃取

在采用同一冲煮参数的前提下,使用聪明滤杯对两个不同地区的咖啡豆进行萃取。

步骤4 品尝并使用咖啡风味轮

分别品尝萃取出来的两杯咖啡,利用咖啡风味轮进行风味描述。对品尝到的风味，先从中心点出发，从内环的9个基本大类中筛选出最先感知到的风味类别，再从该风味类别出发，前往其对应的中环风味细分类别，在其中寻找到最符合感知的分类后，再比照其对应的外环风味词，调动味觉记忆，判断是否有所匹配。重复以上步骤，直至完成感知到的所有风味描述。

三、注意事项

1. 在每次更换咖啡豆研磨时，须先对磨豆机进行洗豆操作，即先研磨少量即将研磨的咖啡豆并丢弃，避免各类咖啡豆互相污染而影响咖啡品质。

2. 在使用咖啡风味轮时，可根据实际品尝到的风味，止步于任意一环，无须强制划分，将风味推进至外环。

培训课程 2　感官运用

学习单元1　不同产区咖啡豆的风味特征

一、咖啡种植带

咖啡生长于以赤道为中心，北纬25°至南纬30°之间的热带及亚热带气候区域，此范围也被称为咖啡种植带。适宜咖啡种植的气候特征：年平均气温在16~25 ℃，无霜降，年降雨量在1 600~2 000 mm。咖啡种植的环境条件需要满足它们的生长需求，包括气候温和、阳光充足、雨量充沛等。

目前咖啡的种植主要集中于三大产区，即亚洲咖啡豆产区、非洲咖啡豆产区和美洲咖啡豆产区，包括70多个国家，大多是海拔300~400 m的地区，有时也在海拔2 000~2 500 m的高地栽植，一般在海拔1 500 m以上的山坡所栽种的咖啡品质较好。

二、三大主要产区咖啡豆的特征

1. 亚洲产区

（1）外形特征

亚洲产区种植的主要品种为小粒咖啡，其颗粒较小，受限于分级制度不统一，常出现颗粒不均匀的情况。其中，印度尼西亚受气候影响，具有独特的湿刨处理工艺，使得咖啡豆的颗粒大，呈蓝绿色，常有羊蹄形状。

（2）风味特征

亚洲产区的咖啡豆通常具有浓郁的香气，可能带有花香、水果香或者香料香等。一些亚洲产区的咖啡豆有明显的酸度，但不如非洲产区的咖啡豆那么明显，通常更柔和、平衡。咖啡豆的口感通常较为浓厚，有时带有一些涩感，但整体上风味丰富。

亚洲产区咖啡以浓而不苦、醇香浓郁为特色，风味多样，包括浆果、坚果、巧克力、香料等。

2. 非洲产区

（1）外形特征

非洲产区以埃塞俄比亚为例，咖啡豆通常颗粒小，豆体呈半圆弧形。

（2）风味特征

非洲产区的咖啡豆以其丰富的香气而闻名，风味非常多样，可能带有浆果、柑橘、苹果等各种水果风味，也可能伴随着浓郁的花香或茶香。非洲产区的咖啡豆通常具有高酸度，口感通常较为清爽、明亮，带有一些液态感，非常有活力。

3. 美洲产区

（1）外形特征

美洲产区的咖啡豆颗粒饱满，豆体较大。

（2）风味特征

美洲产区的咖啡豆通常带有较为浓烈的香气，可能是坚果香、巧克力香或焦糖香等。酸度因地区而异，但通常较为柔和、平衡。美洲产区的咖啡豆通常具有较为浓厚的口感，但不像亚洲产区的咖啡豆那么浓烈，也不像非洲产区的咖啡豆那么清爽。

三大产区咖啡豆的风味特征对比如图2-2所示。

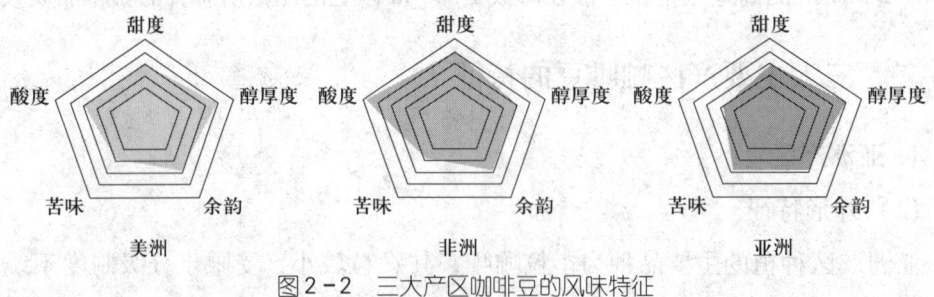

图2-2 三大产区咖啡豆的风味特征

以上是三大产区咖啡豆的一般特征，各产区内不同国家和地区之间也有所区别。咖啡师通过品尝不同产区的咖啡豆，可以更好地理解不同产区的咖啡风味，为咖啡选择和创作提供更多的灵感和可能性。

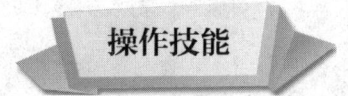

不同产区咖啡豆风味辨识

一、操作准备

1. 设备准备

磨豆机。

2. 器具准备

聪明滤杯、电子秤、分享壶、计时器、温控加热壶、试饮杯等。

3. 物料准备

（1）亚洲产区咖啡豆：中国、印度、印度尼西亚、巴布亚新几内亚、菲律宾、泰国、越南、也门。

（2）非洲产区咖啡豆：埃塞俄比亚、肯尼亚、坦桑尼亚、卢旺达、乌干达、西达摩。

（3）美洲产区咖啡豆：厄瓜多尔、哥斯达黎加、巴拿马、巴西、哥伦比亚、危地马拉。

二、操作步骤

步骤1　咖啡冲煮参数的设定

根据测试需求，设定咖啡冲煮参数，采用同一冲煮参数完成 8 款咖啡液的制备，参数如下：

（1）粉水比：1∶15。

（2）水温：92~94 ℃。

（3）研磨度：采用手冲研磨度。

（4）萃取时间：3.5~4 min。

步骤2　咖啡的萃取

在采用同一冲煮参数的前提下，使用聪明滤杯对三大产区不同国家的咖啡豆进行萃取。

步骤3　品尝与记录

对萃取的咖啡进行品尝，对比差异性并进行记录，体会不同产区之间以及同一产区的不同国家之间咖啡口感的差异。

三、注意事项

1. 尽可能保证咖啡液的温度接近，避免温度差异带来的风味变化。

2. 在品尝不同咖啡的间隙，注意使用纯净水清洁口腔，以避免不同风味间产生干扰。

学习单元2　咖啡品质鉴定

咖啡品质可以从以下不同层面进行判断。

一、外观

咖啡液的颜色可以反映咖啡豆的烘焙度。深度烘焙的咖啡液颜色较深，浅度烘焙的咖啡液颜色较浅。如果咖啡液颜色过深或过浅，说明烘焙过程中出现了问题。好的咖啡液应该是透明的，没有任何杂质。如果咖啡液中有悬浮物或者沉淀物，说明咖啡豆的质量有问题，或者是冲煮过程中没有过滤干净。

二、香气

咖啡的香气是评价其品质的重要标准之一。以下是一些常见的咖啡香气类型：

1. 果香

如果咖啡散发出柑橘、莓果等清新的果香，通常表示这是新鲜的咖啡豆，并且烘焙得当。

2. 花香

如果咖啡有茉莉、玫瑰、百合等花香，通常表示咖啡豆的品质较高，且烘焙度适中。

3. 焦糖香

如果咖啡有焦糖、蜂蜜、麦芽糖等甜香，表示咖啡豆的烘焙度较深。

4. 坚果香

如果咖啡有榛果、杏仁、核桃等坚果的香气，通常表示咖啡豆的品质较高，且烘焙度适中。

5. 香料香

如果咖啡有肉桂、茴香、丁香等香料的香气，表示咖啡豆的烘焙度较深。

6. 烟熏香

如果咖啡有烟熏、炭烧等香气，表示咖啡豆的烘焙度过深。

7. 酸香

如果咖啡有柠檬、青苹果等酸香，表示咖啡豆的新鲜度较高。

8. 酒香

如果咖啡有葡萄酒、威士忌、朗姆酒等酒香，表示咖啡豆的烘焙度较深。

三、风味

好的咖啡应具有丰富而复杂的风味，且每种风味都应该平衡和谐。如果咖啡的风味单一或者不协调，表示咖啡豆的品质可能不高，或者是烘焙和冲煮过程中存在问题。

1. 酸度

酸度是指由某些有机酸产生的一种基本味觉感受。在进行咖啡品鉴时，一杯拥有愉悦酸度的咖啡可以让这杯咖啡喝起来有类似水果的味觉感受，带来一种明亮、活泼的感觉。

如果咖啡的酸度适中，可以提升咖啡的整体口感；如果咖啡的酸度过高，或者出现负面的酸，可能会让咖啡产生刺激的感觉，甚至有些发涩；如果咖啡中没有任何的酸度，则会让这杯咖啡喝起来相对较为平淡和呆板。咖啡酸度与咖啡豆的品种、产地、烘焙度等因素相关。

2. 甜度

咖啡的甜度能带给咖啡一种丰富、满足的感觉。如果咖啡的甜度适中，可以平衡咖啡的酸度和苦度，使其风味更加和谐。但如果咖啡的甜度过高，会让人感觉过于甜腻。

3. 苦度

咖啡的苦度能带给咖啡一种深沉、复杂的感觉。如果咖啡的苦度适中，可以增加咖啡的层次感,使其更有深度。但如果咖啡的苦度过高,会让人感觉苦涩难喝。

咖啡苦度与咖啡豆烘焙度和品种有关。深度烘焙的咖啡豆通常具有较强的苦味,浅度烘焙的咖啡豆苦度较为柔和。

四、醇厚度

醇厚度是指品尝咖啡时的口腔触感,是舌头感知到的咖啡质感和重量感。醇厚度是描述咖啡特点的重要指标,也是判断咖啡品质好坏的重要因素之一。在咖啡品鉴中,咖啡给人们带来的触觉感受通常来自咖啡油脂和咖啡渣。

在判断咖啡醇厚度时有两个标准:一是咖啡液体在口腔中的黏度、丰满度和重量感,通常使用"重"和"轻",或者是"厚"和"薄"来形容;二是咖啡液的顺滑程度,如"顺滑"和"粗糙"等。

高品质的咖啡在口中应有顺滑且厚实的口感,而低品质的咖啡喝起来则会有干涩、单薄的口感。

五、余韵

用余韵来评价一杯咖啡的品质包括两个标准:一是喝下咖啡后的余韵是否令人愉悦,二是余韵在口中持续的时间。

正常情况下,所有的咖啡喝下后都应有余韵留在口中,但不同咖啡的余韵持续时长有所不同。品质较好的咖啡在喝完后,口腔中应该留有令人愉悦的、类似焦糖的香气,并且持续时间较长。品质较差的咖啡在喝完后,余韵只能持续数秒,品质更差的咖啡在喝完后会留有令人不愉快的香气。

操作技能

不同产区咖啡品质鉴别

一、操作准备

1. 设备准备

磨豆机。

2. 器具准备

聪明滤杯、电子秤、分享壶、计时器、温控加热壶、试饮杯等。

3. 物料准备

不同产区咖啡豆。

二、操作步骤

步骤1　咖啡研磨

采用同一研磨度，完成各咖啡豆样品的研磨。

步骤2　咖啡萃取

根据测试需求，设定相同的咖啡冲煮参数，采用聪明滤杯对三个不同产区的咖啡进行萃取。咖啡萃取参数如下：

（1）粉水比：1∶15。

（2）水温：92～94 ℃。

（3）研磨度：采用手冲研磨度。

（4）萃取时间：3.5～4 min。

步骤3　咖啡品鉴

分别从各个维度感受不同产区的咖啡，鉴定咖啡品质并记录感受。

三、注意事项

1. 在每次更换咖啡豆研磨时，须先对磨豆机进行洗豆操作，即先研磨少量即将研磨的咖啡豆并丢弃，避免各类咖啡豆互相污染而影响咖啡品质。

2. 保证每组样品研磨后的重量与研磨前相同。

学习单元3　咖啡豆采购

一、咖啡豆挑选方法

1. 闻香气

将咖啡豆研磨成咖啡粉放在咖啡杯中，用鼻子靠近咖啡杯边缘，嗅闻咖啡干香。不同咖啡豆会散发出不同的香气，可以辨别出不同的风味特点。

在注入热水的过程中，将鼻子靠近咖啡杯的边缘，轻轻地嗅闻咖啡粉与热水接触后的湿香，通常会更加浓郁和复杂。

闻湿香的步骤非常重要，可以帮助咖啡师更全面地了解咖啡豆的风味。磨碎的咖啡豆与热水相遇后，会释放出更多的香气，反映了咖啡豆的品种、产地、烘焙度等特征。

通过闻湿香，咖啡师可以进一步发现咖啡的风味特点，能察觉到更加细微的香气，如花香、水果香、香料香等。这些香气的变化和差异将有助于评估咖啡的品质，并为接下来的品尝提供重要参考。

2. 看豆形

观察咖啡豆的形状、大小和颜色。健康的咖啡豆通常呈现饱满、匀称的形状，且颜色鲜艳。

3. 品滋味

仔细体会咖啡豆的口味特点，并结合对干香和湿香的感知，综合评估咖啡的品质。品滋味是一项技术含量较高的工作，需要咖啡师有敏锐的味觉和嗅觉，以及丰富的品鉴经验。

二、咖啡豆采购流程

1. 看烘焙日期及最佳品鉴期

仔细查看咖啡包装上标注的烘焙日期，确保采购的咖啡豆是新鲜烘焙的。同时，了解最佳品鉴期，确保在最佳状态下品尝咖啡。

2. 看产地和来源

了解咖啡豆的产地和来源，查阅相关证书或信息，确保咖啡豆有可追溯性和可信赖的履历。

3. 查看咖啡包装

检查咖啡包装是否完好，有无明显破损。合格的咖啡包装应能有效维持咖啡豆的新鲜度。

4. 品尝咖啡豆

品尝不同烘焙度的咖啡豆（浅度烘焙、中度烘焙、深度烘焙），了解其风味差异。

5. 选择咖啡豆

根据咖啡豆的特性、适宜冲煮方式等，选择合适的咖啡豆。

三、咖啡豆采购注意事项

1. 在采购咖啡豆时，要仔细查看产品信息和包装，确保购买到符合要求的咖啡豆。

2. 在品尝咖啡豆时，要保持味觉和嗅觉的敏感性，避免出现干扰因素影响品尝体验。例如，在品尝时，最好不要同时吃辛辣食物或者吸烟，否则会影响咖啡的口感。

3. 咖啡豆采购要严格按照操作规程和流程进行，确保结果的准确性和可信度。

职业模块 3

咖啡豆辨别

培训课程 1

瑕疵豆辨别

学习单元1 咖啡豆分级

咖啡豆分级是指将采摘下来的咖啡鲜果中所得到的未经加工的生豆按照一定标准进行分类和评估,以确定其品质和价值。由于每个国家的咖啡种植环境和种植品种不同,所以不同国家有着各自的分级标准。咖啡豆分级指标通常包括瑕疵率、颗粒大小、海拔、硬度等,更多情况下是综合多种指标来进行分级评价。

一、不同产区咖啡豆的分级标准

1. 埃塞俄比亚

埃塞俄比亚咖啡豆根据生豆物理特征与杯测品质的综合评分来分级。

(1) 不同处理法的评分标准

1) 水洗处理法。物理特征占40%:缺陷数20%,外观尺寸10%,颜色5%,气味5%。杯测品质占60%:干净度15%,酸质15%,口感15%,风味15%。

2) 日晒处理法。物理特征占40%:缺陷数30%,气味10%。杯测品质占60%:干净度15%,酸质15%,口感15%,风味15%。

(2) 分级标准

埃塞俄比亚咖啡豆按照生豆物理特征与杯测品质的综合评分共分为G1~G9 9个等级。对分级在G1~G3的咖啡豆,需要进一步进行精品咖啡评测,根据分数分为Q1与Q2等级。将不低于85分的G1、G2评定为Q1等级,80~85分的G1、G2、G3评定为Q2等级,80分以下的G1、G2、G3评定为G3等级。

2. 肯尼亚

肯尼亚咖啡豆以颗粒大小为主要分级依据，分为 E、AA、AB、C、PB、TT、T 等级。

（1）E：颗粒大小在 18 目以上，尺寸超大，一般产量比较少，市面上很少见到这一等级咖啡豆。

（2）AA：颗粒大小在 17～18 目，尺寸较大，是市面上常见的咖啡豆等级，性价比较高。

（3）AB：颗粒大小在 15～16 目，在肯尼亚每年的咖啡豆年产量里是最大的。

（4）C：颗粒大小在 12～14 目，属于小颗粒，低于 AB 级，在高质量咖啡中少见。

（5）PB：这是对小圆豆的分级，15 目以上，指一颗咖啡鲜果中只有一颗椭球体形状的种子。PB 是众多咖啡圆豆中最具个性风味的，市面上比较常见。

（6）TT：表示豆软，TT 一般是从 E、AA、AB 级咖啡豆中通过气流分选机筛选出的轻型豆，硬度不符合标准，通常是有缺损的豆子。

（7）T：颗粒大小在 12 目以下，属于最低的等级，通常由咖啡碎屑与残破豆及小粒豆组成。

3. 印度尼西亚

印度尼西亚咖啡豆的分级标准以瑕疵豆数量为主、以颗粒大小为辅，一般是以每 300 g 生豆中的瑕疵豆个数来计算的。印度尼西亚咖啡豆分级标准见表 3-1。

表 3-1　　　　　　　印度尼西亚咖啡豆分级标准

等级	瑕疵豆/个
G1	0～11
G2	12～25
G3	26～44
G4a	45～60
G4b	61～80
G5	81～150
G6	151～255

4. 危地马拉/哥斯达黎加/萨尔瓦多

咖啡的种植海拔会直接影响咖啡豆的硬度。海拔越高，日夜温差越大，咖啡生长期越长，豆子越坚硬，豆中吸收的养分越多，风味物质会更明显。很多美洲产区如危地马拉、哥斯达黎加、萨尔瓦多等，常以种植海拔或咖啡豆硬度为依据，设立咖啡豆的分级标准。

（1）危地马拉咖啡豆分级标准见表3-2。

表3-2　　　　　　　　危地马拉咖啡豆分级标准

等级	种植海拔/m
极硬豆（SHB）	1 500 ~ 1 700
硬豆（HB）	1 350 ~ 1 500
稍硬豆（SH）	1 200 ~ 1 350
特优质水洗豆（EPW）	1 000 ~ 1 200
优质水洗豆（PW）	850 ~ 1 000
良质水洗豆（GW）	700 ~ 850

（2）哥斯达黎加咖啡豆分级标准见表3-3。

表3-3　　　　　　　　哥斯达黎加咖啡豆分级标准

等级	种植海拔/m
极硬豆（SHB）	>1 400
硬豆（HB）	1 200 ~ 1 400
稍硬豆（SH）	1 100 ~ 1 200
特优质水洗豆（EPW）	900 ~ 1 100
优质水洗豆（PW）	800 ~ 900
特良质水洗豆（EGW）	600 ~ 800
良质水洗豆（GW）	<600

（3）萨尔瓦多咖啡豆分级标准见表3-4。

表3-4　　　　　　　　萨尔瓦多咖啡豆分级标准

等级	种植海拔/m
极高地生长（SHG）	>1 200
高地生长（HG）	900 ~ 1 200
中央标准（CS）	600 ~ 900

5. 巴西

巴西咖啡豆以瑕疵数、颗粒大小、杯测质量来划分等级。

(1) 瑕疵数

瑕疵数分级法按照每 300 克生豆中的瑕疵豆个数划分等级。由于一颗瑕疵豆都没有的情况很少出现，所以巴西咖啡豆最高等级是 NY.2，而并非 NY.1。

巴西咖啡豆分级标准见表 3-5。

表 3-5　　　　　　　　　巴西咖啡豆分级标准

等级	瑕疵数/个
NY.1	0
NY.2	1~6
NY.2/3	7~9
NY.3	10~13
NY.3/4	14~21
NY.4	22~30
NY.4/5	31~45
NY.5	46~60

(2) 颗粒大小

利用机械筛网进行筛选分级。除了象豆等特殊巨型豆以外，一般在 17 目以上为最好的等级。

(3) 杯测质量

1) 第一类。

Strictly Soft：咖啡豆口感非常柔和，酸度明显，甜度较低，整体味道平衡度较差。

Soft：咖啡豆口感柔和，酸度适中，甜度较低，整体味道平衡度一般。

Softish：咖啡豆口感稍柔和，酸度适中偏高，甜度适中偏低，整体味道平衡度一般。

Hard：咖啡豆口感坚硬，酸度适中偏低，甜度适中偏高，整体味道平衡度较好。

Hardish：咖啡豆口感稍坚硬，酸度适中偏低，甜度适中偏高，整体味道平衡度较好。

Rioy/Rioysh：咖啡豆口感柔软且具有明显的果味和甜味，酸度适中偏低，整体味道平衡度非常好。

Rio：咖啡豆口感柔软且具有浓郁的果味和甜味，酸度适中偏低，整体味道平衡度非常好。

2）第二类。

Fine Cup：咖啡豆的品质非常出色，具有细腻的口感和浓郁的风味，余味悠长且平衡度非常好。

Fine：咖啡豆的品质很好，口感细腻，风味浓郁，余味较长且平衡度较好。

Good Cup：咖啡豆的品质良好，口感和风味适中，余味适中且平衡度较好。

Fair Cup：咖啡豆的品质一般，口感和风味较弱，余味较短且平衡度较差。

Poor Cup：咖啡豆的品质较差，口感和风味较弱，余味很短或几乎没有。

Bad Cup：咖啡豆的品质非常差，没有明显的口感和风味，余味很短或几乎没有。

6. 哥伦比亚

哥伦比亚咖啡豆按颗粒大小分级。哥伦比亚咖啡豆分级标准见表3-6。

表3-6　　　　　　　　哥伦比亚咖啡豆分级标准

等级	颗粒大小/目
Supremo Screen 18 +	18
Supremo	17，允许不超过5%的生豆在14~17
Excelso Extra	16，允许不超过5%的生豆在14~16
Excelso EP	14~16，允许不超过10%的生豆在14~15
Usual Good Quality	14，允许不超过1.5%的生豆在12~14

7. 牙买加

牙买加咖啡豆通常按颗粒大小、种植海拔分级。牙买加咖啡豆分级标准见表3-7。

表3-7　　　　　　　　牙买加咖啡豆分级标准

等级		颗粒大小/目	种植海拔/m
蓝山咖啡	NO.1	>17	900~1 500
	NO.2	>16	
	NO.3	>15	
	PB	>14	
高山咖啡	NO.1	>17	460~900
	NO.2	>16	
	NO.3	>15	
牙买加咖啡	Prime	15~17	<460

8. 夏威夷

夏威夷主要的咖啡豆品种为可纳（Kona），通常根据咖啡豆的颗粒大小、形状，结合瑕疵数进行分级，一般分为 Type 1 和 Type 2。

（1）Type 1

Type 1 属于标准咖啡豆，每个咖啡鲜果里有两颗种子。尺寸最大的是 Kona Extra Fancy，之后按尺寸从大到小依次为 Kona Fancy、Kona Number One、Kona Select、Kona Prime。

（2）Type 2

Type2 属于圆豆，每个咖啡鲜果里只有一颗种子。Kona Peaberry 咖啡豆的生长方式和形状与标准咖啡豆不同，具有独特的风味和口感，更加浓郁和香甜。

二、SCA/CQI 杯测评分体系简介

1. 精品咖啡协会（Specialty Coffee Association，SCA）评分体系

主要关注咖啡豆的品质、风味、香气等方面，采用五星制，从低到高分别以一颗星、两颗星、三颗星、四颗星和五颗星表示。评分依据包括咖啡豆的外观、香气、口感、余韵等。

2. 咖啡品质学会（Coffee Quality Institute，CQI）评分体系

注重咖啡豆的品质和口感，采用四分制，从低到高分别以一分、二分、三分和四分表示。评分依据包括咖啡豆的外观、香气、口感、余韵等方面的品质指标，同时还考虑咖啡豆的品种、生长环境、加工方式等影响因素。

学习单元2　常见瑕疵豆的外观特征及形成原因

一、全黑豆/局部黑豆

生豆外表面和内部有一半以上为黑色的称为全黑豆；生豆外表面和内部的黑色部分少于或等于一半的称为半黑豆。

1. 外观特征

黑豆的豆体发黑且不透明,如图3-1所示。

图3-1 黑豆
a) 全黑豆 b) 局部黑豆

2. 形成原因

一般发生于种植采收环节,病虫害侵染、超过采收季节导致的过度成熟、干燥不佳、过度发酵等情形均会导致咖啡豆的豆体变黑。

二、全酸豆/局部酸豆

酸豆是指由于过度发酵而变质的咖啡豆。生豆有一半以上区域变酸的称为全酸豆,生豆少于或等于一半区域变酸的称为半酸豆。

1. 外观特征

酸豆的外观呈浅黄色、黄褐色或红棕色,通常伴有发黑的胚乳,如图3-2所示。如将酸豆进行切割,可嗅闻到酸味或类似于醋酸的味道。

图3-2 酸豆
a) 全酸豆 b) 局部酸豆

2. 形成原因

一般发生于种植采收或加工处理环节,咖啡豆受到微生物入侵而感染,发酵作用会导致酸豆产生。

具体原因包括：采摘过度成熟的鲜果；捡取地上掉落的鲜果；生豆处理过程中使用受到污染的水源；由于环境湿度过大，导致鲜果过度发酵。

三、霉菌豆

1. 外观特征

霉菌豆在感染早期通常会出现黄色至红棕色的"粉状"斑点（即孢子），这些斑点会持续生长，直至覆盖整颗豆子，如图 3-3 所示。受到真菌感染的豆子会释放孢子，污染其他咖啡豆。

图 3-3　霉菌豆

2. 形成原因

一般发生于种植采收或加工处理环节。霉菌豆通常由真菌导致，如曲霉菌、青霉菌、镰刀菌等。当温度与湿度满足真菌繁殖的条件时，从采收到存储过程中的任何环节，咖啡豆均有被感染的可能。

四、异物

1. 外观特征

异物包括所有出现在咖啡生豆中的非咖啡物质，如树枝、石头等，如图 3-4 所示。异物会使咖啡生豆留下不良的观感，同时也意味着加工处理与分级能力不足。异物可能会对处理设备，特别是磨豆机造成损坏。

2. 形成原因

种植采收和加工处理的每个环节都存在异物残留风险并可能逐步积累。

图3-4 异物

五、干果/豆荚

1. 外观特征

通常干果肉会覆盖部分或全部羊皮纸壳豆,有时会出现白色斑点或粉末状残留物,如图3-5所示,这意味着霉菌的存在,会影响咖啡生豆外观与杯测质量。

图3-5 干果/豆荚

2. 形成原因

通常发生在加工处理环节。在水洗处理法中,由于设备缺乏维护和校准,鲜果接收站无法进行恰当的鲜果浮选和果肉脱壳,初始水槽中的鲜果混入后续的处理过程,导致生豆中出现干果或豆荚。在日晒处理法中,干果/豆荚的产生原因通常为不恰当的脱壳和筛选。

六、虫蛀豆

1. 外观特征

虫蛀豆的豆体表面有小的黑孔(直径为0.3~1.5 mm),内部的虫蛀路径可能呈现任意角度,如图3-6所示。有些豆子会产生扩展性损伤,出现3个或以上的虫蛀孔洞。

图3-6 虫蛀豆

2. 形成原因

通常发生在种植采收环节。在咖啡种植中，咖啡果小蠹是最严重的害虫之一。咖啡果小蠹在生长在咖啡树上的咖啡鲜果顶端钻孔，蛀入柔软的果实内部产卵繁殖，成熟的幼虫从果实的另一边钻出，因此豆子的正反面均会出现虫蛀孔洞。通常情况下，一颗虫蛀豆内部会有多条通路。海拔越低，咖啡果小蠹的出现率越高。

七、机损豆

1. 外观特征

机损豆包括破损豆、切割豆和碎裂豆，如图3-7所示。湿脱壳导致的破损/切割豆通常会有氧化作用导致的深红色边缘，这是在脱去果肉时产生的。破损边缘会产生预期外的发酵、霉菌感染、细菌繁殖等，在杯测中呈现出瑕疵和缺陷风味。破损/碎裂豆一般产生于干燥脱壳阶段，这类机损豆通常边缘较干净，没有氧化现象。

图3-7 机损豆

2. 形成原因

通常发生在加工处理环节。由于脱去果肉或干燥脱壳阶段的设备校准错误，产生过度摩擦力和压力，导致破损/切割/碎裂豆产生。

八、未熟豆

1. 外观特征

未熟豆的外皮或银皮往往为暗淡的黄绿色，银皮紧紧包裹生豆，如图3-8所示。未熟豆通常体积较小，向内弯曲，边缘较为锋利。

图3-8 未熟豆

2. 形成原因

一般发生于种植采收环节。未熟豆的成因有多种，包括不恰当地采收未成熟的咖啡鲜果，高海拔地区晚熟品种的成熟度不一等。

九、干瘪豆

1. 外观特征

干瘪豆体型通常较正常生豆更小，外表畸形，带有类似葡萄干的皱纹，如图3-9所示。

图3-9 干瘪豆

2. 形成原因

一般发生于种植采收环节。干瘪豆的主要成因是在咖啡鲜果成长期间长期缺水或干旱，干瘪程度取决于干旱的强度与持续时间。如果植株较虚弱或健康状态不佳，生豆中的干瘪豆占比会更高。

十、贝壳豆

1. 外观特征

贝壳豆是一种畸形豆，豆子在中线处破裂，外壳呈贝壳形，内核为圆锥形或圆柱形，如图3-10所示；内核和外壳剥离开或维持结合状态，结合状态下仍可看到明显的裂缝线。

图3-10 贝壳豆

2. 形成原因

一般发生在种植采收环节。贝壳豆是自然发生的现象，主要形成原因是咖啡树的基因出现问题。

十一、漂浮豆

1. 外观特征

漂浮豆通常外观斑驳，带有独特的白色或褪色现象，如图3-11所示。漂浮豆密度较小，通常会漂浮在水面上。

2. 形成原因

一般发生在加工处理环节，由于采取了不恰当的存储条件和干燥方法，导致咖啡生豆中的水分含量上升，密度降低而形成了漂浮豆。滞留在干燥机器和平台上的羊皮纸豆会导致漂浮豆的产生；当羊皮纸豆储存在过于潮湿的环境中时，也会导致漂浮豆产生。

图3-11 漂浮豆

十二、带壳豆

1. 外观特征

带壳豆是指被白色或棕褐色厚纸状外壳部分或全部包裹住的一种瑕疵豆，如图3-12所示。

图3-12 带壳豆

2. 形成原因

一般发生在加工处理环节。由于脱壳机未进行正确校准，导致在干脱壳阶段产生带壳豆。

十三、果壳/果皮

1. 外观特征

干燥的果皮呈现红褐色（干湿处理法），或白色（内果皮），如图3-13所示。

2. 形成原因

一般发生于加工处理环节。通常情况下，在日晒处理法中由于清理不当会导致果壳/果皮残留。脱去果肉的机器如果未能正常校准，也会导致果皮碎片残留，最终混入生豆中。

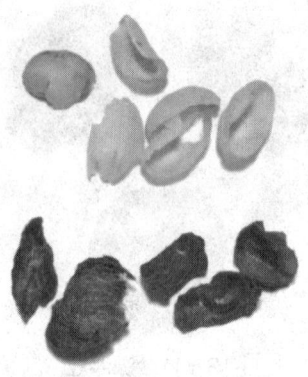

图3-13 果壳/果皮

操作技能

挑选瑕疵豆

一、操作准备

1. 器具准备

电子秤、生豆盘、生豆分级垫等。

2. 物料准备

咖啡豆。

二、操作步骤

挑选瑕疵豆的操作步骤见表3-8。

表3-8　　　　　　　　挑选瑕疵豆的操作步骤

操作步骤	图示
步骤1　根据需求，称取所需咖啡豆于生豆盘中	

续表

操作步骤	图示
步骤2 展开生豆分级垫,将咖啡豆倾倒其上	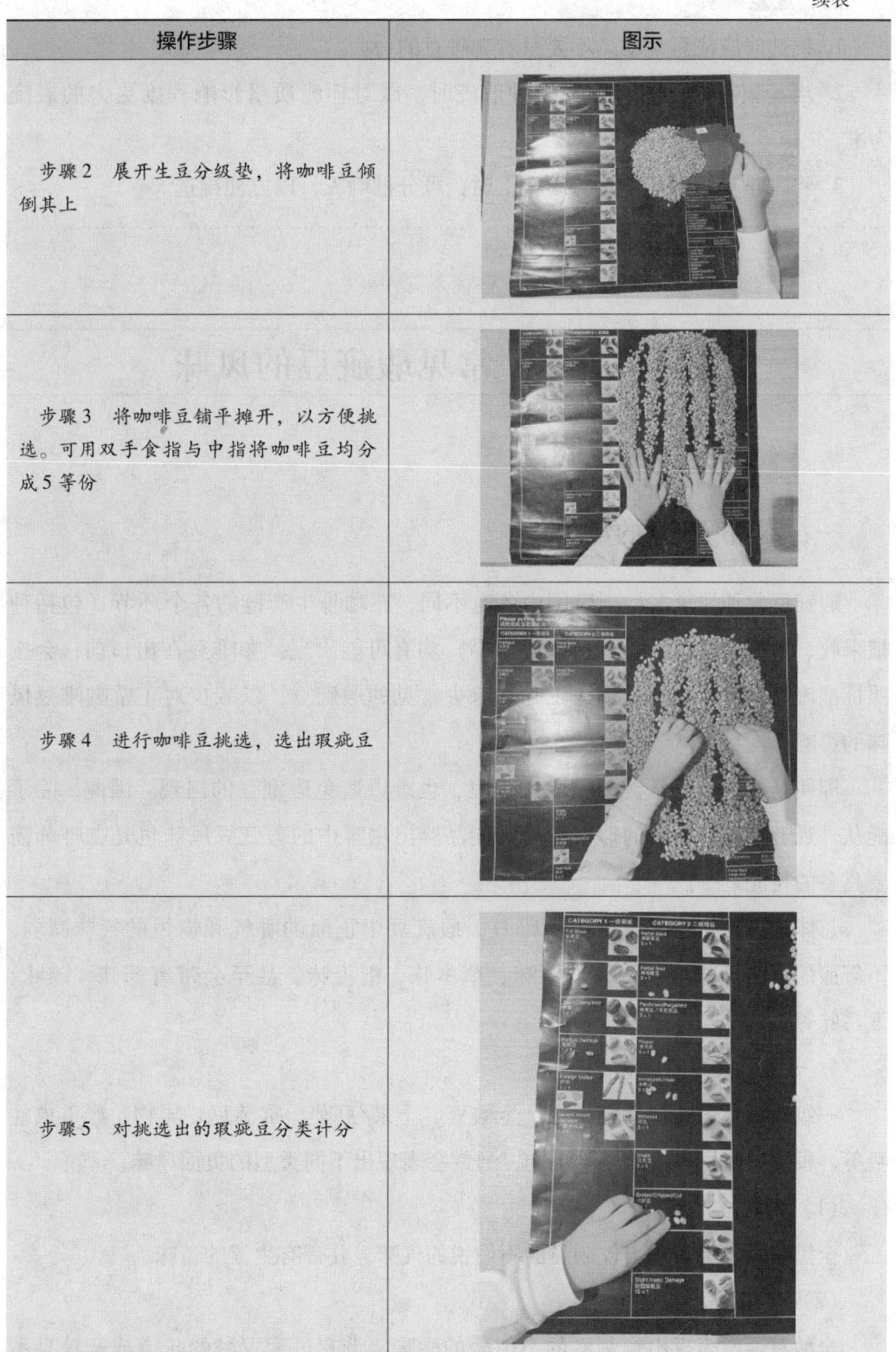
步骤3 将咖啡豆铺平摊开,以方便挑选。可用双手食指与中指将咖啡豆均分成5等份	
步骤4 进行咖啡豆挑选,选出瑕疵豆	
步骤5 对挑选出的瑕疵豆分类计分	

三、注意事项

1. 挑选时应注意翻动，不要只看咖啡豆的一面。

2. 当一颗咖啡豆同时存在两种瑕疵时，以对杯测质量影响程度更大的瑕疵为准。

3. 将咖啡豆倾倒至生豆分级垫上时，可分批倒入，以方便挑选。

学习单元3　常见瑕疵豆的风味

一、不同瑕疵豆的风味

瑕疵豆的种类较多，产生原由各有不同，在咖啡生产链的各个环节（包括种植采收、加工处理、干燥、仓储运输等）均有可能出现。咖啡豆在出口前，会按照标准流程，经专业机器和人工筛选除去常见的瑕疵豆，以减少对正常咖啡豆风味的影响。

即使是价格较为昂贵的精品咖啡豆，也难以避免瑕疵豆的出现。因此，除了能从外观上辨别出不同的瑕疵豆外，能品鉴出咖啡中的瑕疵豆风味也是咖啡师需要具备的技能之一。

总体来说，相较于正常的咖啡豆，瑕疵豆中正面的香气和愉悦的气味减弱，不舒服的负面风味增加，如苦涩味、草本味、纸板味，甚至会带有药味、碘味、发霉味等。

1. 一级瑕疵豆的风味

一级瑕疵豆通常包括全黑豆、全酸豆、干果/豆荚、霉菌豆、异物、严重虫蛀豆等。根据瑕疵豆产生的原因不同，通常会表现出不同类型的负面风味。

（1）全黑豆

全黑豆通常会表现出较刺鼻的不愉悦的气味，并带有生涩的苦味。

（2）全酸豆

全酸豆通常表现出较刺激的类似醋的酸味，带有过度发酵的味道或辛辣且不愉悦的气味。

（3）干果/豆荚

在进行咖啡烘焙时，相对较轻的豆荚一般不会存留在烘焙完成的咖啡豆中；而干果则会和其他正常的咖啡豆共同受热升温，但干果更容易变焦。因此，在最终的品鉴中，干果会表现出不舒服的烟熏感和焦煳味。

（4）霉菌豆

相比正常的咖啡豆，霉菌豆的正面香气变少，愉悦的气味减弱，风味浑浊不清晰，会产生类似发霉的令人不舒服的味道。

（5）异物

通常异物不会进入到咖啡制作环节中，不管是在处理、烘焙还是研磨阶段，异物都有可能对相关的设备造成损害。异物对咖啡风味的影响需根据异物的类型进行具体的分析与判断。

（6）严重虫蛀豆

严重虫蛀豆是受到虫害影响较大的豆子，香气和风味会减弱，品鉴时带有较强的负面风味。

2. 二级瑕疵豆的风味

二级瑕疵豆包括局部黑豆、局部酸豆、带壳豆、漂浮豆、未熟豆、贝壳豆、机损豆、果壳和轻微虫蛀豆等。相较于一级瑕疵豆，二级瑕疵豆对咖啡香气和风味的影响相对弱一些，但同样需要掌握辨别的能力。

（1）局部黑豆

局部黑豆的整体风味与全黑豆类似，同样会带有刺鼻的不愉悦的气味，并带有生涩的苦味，但强度略低。

（2）局部酸豆

局部酸豆与全酸豆的关系类似局部黑豆与全黑豆。局部酸豆的风味走向与全酸豆相同，但强度降低，表现为刺激的醋酸味、过度发酵味或辛辣味。

（3）带壳豆

通常来说，带壳豆对咖啡香气和风味的影响不大，但在咖啡烘焙时，内皮的存在会使得带壳豆更容易变焦，因此可能出现焦煳的苦味。

（4）漂浮豆

在咖啡烘焙时，漂浮豆的存在是导致奎克豆产生的原因之一。漂浮豆的正面风味会有所下降，容易带有类似大麦、谷物、稻草等的负面风味。

（5）未熟豆

未熟豆顾名思义是未完全成熟的咖啡豆，咖啡豆中的风味物质并未得到很好的发展。未熟豆中的绿原酸含量较高，可能会带有明显的青涩感、土腥味、辛辣味等。

（6）贝壳豆

与其他瑕疵豆不同的是，贝壳豆是由于咖啡自身的基因问题导致的。通常来说，贝壳豆不会有明显不同的香气和风味，但在深度烘焙时，可能表现出较弱的香气，并伴随一定的焦煳味。

（7）机损豆

机损豆是由于外部力量导致咖啡豆破裂而不完整，不同处理方法产生的机损豆会表现出不同的风味。如果是干脱壳导致的边缘干净的机损豆，一般不会有异常的香气和风味，只是在深度烘焙时容易产生一些焦煳味。如果是湿脱壳导致的机损豆，其破损边缘通常有霉菌感染、非预期的发酵等情况，这类机损豆会呈现出缺陷风味，如霉味。

（8）果壳

在咖啡烘焙时，残留在咖啡生豆中的果壳会受热燃烧，通常不会存留在最终出品的咖啡中，因此并无明显的异味。

（9）轻微虫蛀豆

轻微虫蛀豆负面风味较严重虫蛀豆有所减轻，但香气与正面风味仍较弱，且会有一些令人不舒服的负面风味。

一级瑕疵豆和二级瑕疵豆在外观上与正常的咖啡豆有明显的区别，可以通过专业机器与人工筛选去除或降低瑕疵豆的占比，从而降低瑕疵豆负面风味的影响。但外观正常、无异状的咖啡豆也并非一定优质且无瑕疵风味，其仍可能存在负面的香气与风味，如酚味、药水味、碘味、咸酸味、发霉味、纸板味、陈味等，需要咖啡师通过专业的风味品鉴来判定。

二、瑕疵豆对咖啡豆的影响

瑕疵豆对咖啡豆的影响体现在多个方面。瑕疵豆不仅会影响咖啡豆本身，也会对咖啡制作过程中使用的机器设备造成损害。瑕疵豆是咖啡豆成为精品豆的最大阻碍之一。

瑕疵豆在外观上与正常的咖啡豆有所区别,如全黑豆的豆体变黑,未熟豆的表面干瘪收缩等。当同一批次的咖啡豆中存在过多的瑕疵豆时,咖啡豆看起来颜色斑驳,大小不一,整体品相不佳。

咖啡豆中存在异物时,如木头、石子等,对咖啡处理设备、烘豆机、磨豆机等均会造成不同程度的损害,影响设备的使用寿命与效果,且这种损伤通常是不可逆的。

瑕疵豆与正常咖啡豆在水分含量、密度、体积等方面均有差异,因此在进行正常的烘焙时,瑕疵豆往往无法和正常咖啡豆保持同一条烘焙曲线。对于咖啡师来说,瑕疵豆过多的样品很难按照预期的烘焙计划进行烘焙。

瑕疵豆会对咖啡风味造成不同程度的负面影响,使得咖啡本身的特色香气与风味减弱,无法很好地表现出优质的产地风味,并伴随杂苦、稻谷、草本、大麦等负面风味,甚至会带有碘味、发霉味、化学味等非食品类的风味。

通常来说,咖啡豆产品中的瑕疵豆含量越高,意味着该产品品质越低,风味越差,也意味着无法卖出较好的价钱。

操作技能

瑕疵豆风味辨别

一、操作准备

1. 设备准备

磨豆机。

2. 器具准备

聪明滤杯、电子秤、咖啡杯、计时器、温控加热壶、滤纸、吐杯等。

3. 物料准备

同产地、同产季、同烘焙度的不同瑕疵豆各 20 g,每 3~4 种瑕疵豆分为一组进行风味评判。

(1) 对照组:同批次的正常咖啡豆。

(2) 样品第一组：全黑豆、局部黑豆、全酸豆、局部酸豆。

(3) 样品第二组：霉菌豆、严重虫蛀豆、轻微虫蛀豆。

(4) 样品第三组：漂浮豆、未熟豆。

(5) 样品第四组：带壳豆、贝壳豆、机损豆。

二、操作步骤

步骤 1　咖啡冲煮参数的设定

根据测试需求，设定咖啡冲煮参数，采用同一冲煮参数完成各组咖啡液的制备，参考参数如下：

(1) 粉水比：1∶15。

(2) 水温：92~94 ℃。

(3) 研磨度：采用手冲研磨度。

(4) 萃取时间：3.5~4 min。

步骤 2　咖啡的萃取

(1) 将滤纸放入聪明滤杯中，并用冲煮用水打湿滤纸后排空热水。

(2) 取研磨好的 15 g 咖啡粉倒入聪明滤杯中。

(3) 嗅闻咖啡粉的香气，仔细感知是否有瑕疵风味出现，如谷物味、大麦味、草本味等。

(4) 按下计时器的同时，一次性注入 225 g 热水至聪明滤杯中。

(5) 在 3.5~4 min 时停止萃取，将咖啡液过滤至分享壶。

步骤 3　嗅闻、品尝与记录

在嗅闻香气后，记录每组各杯的香气描述；品尝后，对不同瑕疵豆的风味与口感进行记录；对比对照组的正常咖啡豆风味，感知并记忆不同瑕疵豆的风味。

三、注意事项

1. 尽可能保证各咖啡液的温度接近，避免温度差异带来的风味变化。

2. 在品尝不同咖啡的间隙，注意使用纯净水清洁口腔，以避免不同风味间产生干扰。

3. 品尝瑕疵豆风味时，可使用吐杯酌情吐掉咖啡液，避免咖啡因摄入过多而造成身体不适。

培训课程 2

咖啡熟豆辨别

学习单元1 咖啡豆烘焙

咖啡豆烘焙是咖啡豆从生豆转变为熟豆的过程。咖啡生豆本身是没有咖啡香味的,在烘焙过程中会发生复杂的物理变化和化学变化,从而带来丰富的感官体验。

一、咖啡豆的烘焙过程

1. 脱水

咖啡生豆含有7%~11%的水分,倒入烘豆机之后,开始吸收热量以蒸发多余的水分。开始的几分钟内,咖啡豆的外观及气味不会有显著的变化。

2. 一爆

随着咖啡豆被持续加热,产生的水蒸气不断在咖啡豆内部积聚,压力积累到一定程度时咖啡豆发生第一次爆裂,称为一爆。一爆结束后,咖啡豆的表面看上去较为平滑,但仍有少许皱褶。这个阶段咖啡风味开始发展,会影响咖啡最终的烘焙度。

3. 二爆

一爆发生后,随着化学反应的不断进行,产生的二氧化碳不断在咖啡豆内部积聚,压力积累到一定程度时咖啡豆发生第二次爆裂,称为二爆。这个阶段的爆裂声音较细微且更密集。咖啡豆一旦烘焙到二爆，内部的油脂会更容易被带到咖啡豆表面，大部分的酸味会消退。

 **小贴士**

> 从一爆发生到烘焙结束的时间称为发展时间。发展时间不足，酸度太强烈，咖啡失去甜感；若发展时间太长，则会让咖啡带有焦苦味。所以，要适度控制发展时间。
>
> 发展时间除以总烘焙时间即得到发展度，通常以百分比表示。

二、咖啡豆的烘焙度

烘焙度是指咖啡豆被加热烘烤的程度，是咖啡烘焙最重要的指标之一。不同的烘焙度会使咖啡豆呈现不同的风味特征。

1. 浅度烘焙

浅度烘焙的发展度为18%~25%。浅度烘焙咖啡豆，外观上通常呈浅棕色，一般不出油，有时表面会有虎皮状皱褶；风味上，通常酸度较高、苦度低、醇厚度较低，产区风味较明显，咖啡豆香气较为清新，花香和果香较为突出。

2. 中度烘焙

中度烘焙的发展度为25%~35%。中度烘焙咖啡豆，外观上通常呈棕色或深棕色，一般不出油或少量出油，咖啡豆的表面较舒展；风味上，通常酸度、苦度、醇厚度中等，整体风味较平衡，咖啡豆香气适中，通常表现为柑橘、坚果、焦糖香气。

3. 深度烘焙

深度烘焙的发展度在35%以上。深度烘焙咖啡豆，外观上通常呈深棕色或黑色，一般会大量出油（使用特殊烘焙方式也可以不出油），咖啡豆的表面舒展圆滑；风味上，通常酸度较低、苦度较高、醇厚度较高，咖啡豆香气最为浓烈，有浓郁的巧克力和焦糖香气。

咖啡豆烘焙度辨别

一、操作准备

1. 设备准备

磨豆机。

2. 器具准备

杯测碗(2个杯测用、1个涮勺用)、杯测勺、电子秤、计时器、热水壶、温度计、吐杯等。

3. 物料准备

浅度、中度、深度烘焙咖啡豆各 50 g。

二、操作步骤

步骤1 杯测参数的设定

先将杯测碗上秤去皮,注满水,测出杯测碗容量,除以 18.18 得出每个杯测碗中应投入的咖啡豆重量。

(1) 粉水比:1∶18.18。

(2) 水温:94 ℃。

(3) 研磨度:杯测研磨度。

(4) 浸泡时间:4 min。

步骤2 咖啡杯测

(1) 称豆:杯测碗上秤去皮,投入相应重量的咖啡豆。

(2) 研磨:调好研磨度,取少量咖啡豆(2~4 g)研磨,然后倒入杯测碗中。

(3) 嗅闻杯测碗中咖啡的干香,记录所闻到干香的种类及强弱。

(4) 按下计时器的同时,一次性、快速地注满热水。

(5) 嗅闻杯测碗中咖啡的湿香,记录所闻到湿香的种类及强弱。

(6) 在 4 min 时开始破渣、捞渣。

（7）品尝风味并记录。

（8）判断咖啡豆的烘焙度。

三、注意事项

1. 刚完成破渣、捞渣后的咖啡还处于比较烫的状态，注意不要被烫伤。

2. 建议使用吐杯，以免过度摄入咖啡因而引起身体不适。

学习单元2　常见的咖啡豆处理方法

一、常见的咖啡豆处理方法

1. 水洗处理法

水洗处理法是指对咖啡果实进行清洗、浮选之后，用脱皮机去除果皮、果肉，使带着果胶的咖啡豆进入发酵池，注水漫过咖啡豆，经过 12~24 h 发酵，通过搓洗去除果胶，得到只带着羊皮纸（内果皮）的咖啡豆，进行晾晒或者利用机器干燥，干燥完成后以带着羊皮纸的状态进行保存，出货时用脱壳机去除羊皮纸。

2. 日晒处理法

日晒处理法是指对咖啡果实进行清洗、浮选之后，将整个咖啡果实平铺在晒床或晒场上晾干，通常需要 20~40 d，干燥完成后以带着干果壳的状态进行保存，出货时用脱壳机去除干果壳和羊皮纸。

3. 蜜处理法

蜜处理法是指对咖啡果实进行清洗、浮选之后，用脱皮机去除果皮、果肉，直接将带着完整果胶的咖啡豆平铺在晒床上，或者使用脱胶机去除部分果胶后再铺到晒床上进行阴干或者晾晒干燥，干燥完成后以带着羊皮纸和干果胶的状态进行保存，出货时用脱壳机去除羊皮纸和干果胶。

4. 厌氧处理法

厌氧处理法的方式多样：可以是对整个果实进行厌氧发酵，也可以是脱去果皮、果肉后，对带着果胶的咖啡豆进行厌氧发酵，还可以是对整个果实进行厌氧发酵后，再脱去果皮、果肉，对带着果胶的咖啡豆进行二次厌氧发酵。隔绝氧气的方式多样：可以用水封，也可用塑料袋或塑料膜封，还可以注入二氧化碳气体挤出空气。发酵的菌种多样：可以采用自然菌种，也可以采用特定的单一或复合菌种。发酵的温度和时长多样。

5. 酵素处理法

酵素处理法是在咖啡处理过程中添加酵素的一种处理方法，如酵素水洗处理法、酵素厌氧处理法等。

二、不同咖啡豆处理方法的优缺点

1. 水洗处理法

（1）优点：处理过程耗时较少。

（2）缺点：需要使用大量的水。

2. 日晒处理法

（1）优点：适合缺水地区。

（2）缺点：耗时多，对日照条件要求较高。

3. 蜜处理法

（1）优点：适合缺水地区。

（2）缺点：干燥过程中，每隔一段时间需要翻动、打散一次，人工成本较高。

4. 厌氧处理法

（1）优点：能带来风味的提升。

（2）缺点：对发酵曲线的控制有着较严格的要求，设备投入成本较高；有较大的失败概率，物料损失成本较高。

5. 酵素处理法

（1）优点：能带来特殊的发酵风味。

（2）缺点：对发酵曲线的控制有着较严格的要求，设备投入成本较高。

三、不同处理方法咖啡豆的风味特征

1. 水洗处理法

这种处理方法的咖啡豆酸质明亮，余韵干净。

2. 日晒处理法

这种处理方法的咖啡豆容易产生水果风味，醇厚度较高，甜度较高，有发酵味。

3. 蜜处理法

这种处理方法的咖啡豆具有果脯风味或热带水果风味，甜度较高。根据发酵程度和果胶保留程度的不同，在风味上可以分别接近水洗处理法和日晒处理法。

4. 厌氧处理法

这种处理方法的咖啡豆带有较重的发酵味，大概率带有热带水果风味，醇厚度较高，甜度较高。

5. 酶素处理法

这种处理方法的咖啡豆具有特殊的发酵风味。

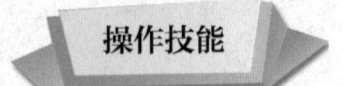

操作技能

不同处理方法咖啡豆的辨别

一、操作准备

1. 设备准备

磨豆机。

2. 器具准备

杯测碗（2个杯测用、1个涮勺用）、杯测勺、电子秤、计时器、热水壶、温度计、吐杯等。

3. 物料准备

水洗处理法、日晒处理法、蜜处理法咖啡豆各50 g。

二、操作步骤

步骤1　杯测参数的设定

先将杯测碗上秤去皮，注满水，测出杯测碗容量，除以18.18得出每个杯测碗中应投入的咖啡豆重量。

（1）粉水比：1∶18.18。

（2）水温：94 ℃。

（3）研磨度：杯测研磨度。

（4）浸泡时间：4 min。

步骤2　咖啡的杯测

（1）称豆：杯测碗上秤去皮，投入相应重量的咖啡豆。

（2）研磨：调好研磨度，取少量咖啡豆（2~4 g）研磨，然后倒入杯测碗中。

（3）嗅闻杯测碗中咖啡的干香，记录所闻到香气的种类及强弱。

（4）按下计时器的同时，一次性、快速地注满热水。

（5）嗅闻杯测碗中咖啡的湿香，记录所闻到香气的种类及强弱。

（6）在4 min时开始破渣、捞渣。

（7）品尝风味并记录。

（8）判断咖啡豆所采用的处理方法。

三、注意事项

1. 刚完成破渣、捞渣后的咖啡还处于比较烫的状态，注意不要被烫伤。

2. 建议使用吐杯，以免过度摄入咖啡因而引起身体不适。

 **相关链接**

不同处理方法咖啡豆的感官区别见表3-9。

表3-9　　　　　不同处理方法咖啡豆的感官区别

感官感受	水洗处理法	日晒处理法	蜜处理法
余味	余味干净，口感清爽	余味较长，口感较为浓郁	余味适中，口感平衡
香气	较为清新，有花香和果香	有浓郁的焦糖香和巧克力香	既有花香和果香，也有一些焦糖香
酸度	酸度较高，口感明亮	酸度适中或较低，口感醇厚	酸度适中或较高，口感平衡

学习单元3　不同咖啡的萃取方法和技巧

一、常见的萃取方式及优缺点

1. 浸泡式

（1）使用器具：法压壶、聪明杯、冷泡壶。

（2）优点：操作简单，易于上手。

（3）缺点：容易萃取过度。

2. 滤过式

（1）使用器具：手冲滤杯、冰滴壶。

（2）优点：只要萃取参数设置合理，就能够得到理想的萃取结果。

（3）缺点：需要咖啡师对萃取原理及咖啡豆有较深的理解且操作准确。

3. 煎煮式

（1）使用器具：土耳其咖啡壶、虹吸壶。

（2）优点：仪式感强，能给顾客带来较好的体验。

（3）缺点：数据化参数较少，需要咖啡师对器具的使用具有丰富的经验。

4. 压力式

（1）使用器具：摩卡壶、意式咖啡机、手压机。

（2）优点：相对其他方式，能够通过压力萃取出咖啡中的更多物质，萃取效率更高。

（3）缺点：正因为能萃取出更多的物质，所以同时也会放大咖啡豆的缺点。

二、不同烘焙度咖啡的萃取技巧

1. 浅度烘焙咖啡豆的萃取技巧

浅度烘焙咖啡豆适合制作手冲咖啡，一般适用更细的研磨度、更高的水温和更长的萃取时间。

2. 中度烘焙咖啡豆的萃取技巧

中度烘焙咖啡豆容错率高，适合所有的萃取方式，只需做相应的参数调整即可。

3. 深度烘焙咖啡豆的萃取技巧

深度烘焙咖啡豆更适合制作牛奶咖啡、意式浓缩咖啡、美式咖啡。用深度烘焙咖啡豆制作手冲咖啡时，要采用更粗的研磨度、更低的水温和更短的萃取时间。

操作技能

不同烘焙度咖啡的萃取

一、操作准备

1. 设备准备

磨豆机。

2. 器具准备

手冲滤杯、分享壶、温控加热壶、带计时及称重功能的电子秤、滤纸、吐杯等。

3. 物料准备

浅度、中度、深度烘焙咖啡豆各 60 g。

二、操作步骤

步骤1　设定咖啡冲煮参数

（1）随机抽取浅度、中度、深度烘焙咖啡豆中的一种（袋子上标明烘焙度），取咖啡豆 20 g。

（2）根据烘焙度设定并执行冲煮参数。

（3）如果结果满意可以直接提交冲煮参数及风味描述。

（4）如果结果不满意可以有一次调整参数的机会，再取 20 g 进行冲煮。

（5）提交冲煮参数。

步骤2　咖啡出品与品尝

（1）按设定的冲煮参数出品，严格按参数实施。

（2）检测出品咖啡的浓度。

（3）品尝出品咖啡，评判风味与描述是否一致。

三、注意事项

1. 每种烘焙度咖啡仅提供 60 g，若冲煮参数设定阶段仅用掉 20 g，在出品阶段可重复一次。

2. 注意安全操作，避免被烫伤。

培训课程 3 咖啡熟豆储存

学习单元1 咖啡熟豆的储存保鲜

一、咖啡养豆

咖啡生豆经过烘焙后会产生大量二氧化碳,这个过程在烘焙后的前几天尤为活跃。为了不影响咖啡风味的萃取,保证品质稳定,避免出现包装后胀包的情况,需要排出咖啡熟豆中的二氧化碳,让咖啡的各种风味逐渐释放出来,这个过程就是养豆的过程。在养豆期间,建议将咖啡豆放在避光、干燥、隔绝氧气的地方,避免阳光直射和潮湿环境。

1. 单品咖啡豆养豆

单品咖啡豆养豆的主要目的是让咖啡豆更好地释放风味,提高萃取效率,使最终萃取出的咖啡液更加圆润、口感更加丰富。单品咖啡豆养豆环境需要阴凉、干燥、避光,以避免咖啡豆受到过多的外界干扰。单品咖啡豆养豆时间因烘焙度和养豆环境的不同而有所差异,一般而言,浅度烘焙咖啡豆需要的养豆时间较短,而深度烘焙咖啡豆需要的养豆时间较长。

2. 意式咖啡豆养豆

意式咖啡豆养豆的目的是让咖啡豆中的气体得到充分排放,提高萃取效率,避免萃取出的咖啡液口感不够圆润、杂味较多。意式咖啡豆养豆环境要求相对宽松,可以在室温下进行,只需要注意保持干燥和通风即可。意式咖啡豆养豆时间通常在15~20 d,具体时间可根据烘焙度和养豆环境的不同而调整。

二、咖啡熟豆的最佳风味期

咖啡熟豆的最佳风味期是指咖啡豆在烘焙后，其风味和口感达到最佳状态的时期。这个最佳风味期的时间长短取决于多种因素，包括烘焙度、储存条件等。一般来说，浅度烘焙咖啡豆的最佳风味期为2~3周，中度烘焙咖啡豆的最佳风味期为3~4周，而深度烘焙咖啡豆的最佳风味期为1~2个月。

在最佳风味期内，咖啡豆的风味和口感会逐渐变得更加丰富和明显。如果超过这个时期，咖啡豆的风味和口感就会逐渐减弱，甚至出现一些不愉悦的杂味。因此，为了获得最佳的咖啡体验，咖啡豆最好在最佳风味期内饮用完，并注意正确的保存方法，以保持其新鲜度和口感。

三、咖啡熟豆保鲜的影响因素

1. 温度

保持低温可以减缓咖啡熟豆的氧化速度，有利于保持其新鲜度。咖啡烘焙产生的芳香物质会随着温度的升高而挥发，这是咖啡香气和风味的主要来源。因此，避免将咖啡熟豆暴露在过高或过低的温度下，应在阴凉的环境下保存。

2. 湿度

经过烘焙的咖啡熟豆很容易吸水，过高的湿度会导致咖啡熟豆受潮、发霉，而过低的湿度则会使咖啡熟豆过于干燥，失去水分。因此，建议将咖啡熟豆存放在湿度适中、通风良好的环境中，以保鲜咖啡豆。一般来说，相对湿度在50%~60%较为适宜。

3. 光照

光照会催化氧化反应，加快咖啡氧化速率，导致咖啡熟豆变色、变质，呈现出不新鲜、有瑕疵的风味。因此，应将咖啡熟豆存放在避免阳光直射的地方。

4. 空气

避免频繁接触空气，减少咖啡熟豆与空气的接触次数，避免在空气中暴露过长时间而加速氧化。

5. 包装

包装的密封性将直接影响咖啡熟豆的新鲜度。选择密封性好、防潮、避光的包装来储存咖啡熟豆，可以延长其保鲜期。

6. 避免异味

烘焙后的咖啡熟豆容易吸附异味,注意不要将其与有强烈气味的物品放在一起,避免串味。

四、咖啡熟豆的常见包装

咖啡熟豆的常见包装有:棕色密封玻璃瓶、不锈钢密封储豆罐、铝箔密封袋、牛皮纸袋等。

铝箔密封袋和牛皮纸袋通常带有单向排气阀,可以防止空气进入,同时允许二氧化碳逸出,有助于保持咖啡的新鲜度。

五、咖啡熟豆的储存方法

1. 常规储存

选择干燥、阴凉、通风的地方存放,避免阳光直射。开封后的咖啡熟豆应注意密封保存,每次取用时,尽量只取出所需的豆子,并尽快将包装密封好。避免频繁打开包装,以减少咖啡熟豆接触空气的机会。

2. 冷藏储存

低温储存可以减缓咖啡熟豆的化学反应速度,但要注意防潮处理,确保咖啡熟豆完全密封。低温冷藏的咖啡熟豆拿出来后表面容易产生冷凝水,所以要注意只取需要的量,避免因反复拿进拿出导致咖啡熟豆湿度增加,助长霉菌滋生。

3. 冷冻储存

若咖啡熟豆需要长时间储存,可以抽真空后放入冰箱冷冻保存。建议按每次饮用量将咖啡熟豆分装,避免多次接触空气。

学习单元2 咖啡熟豆新鲜度辨别

一、咖啡熟豆新鲜度的判断特征

1. 外观

从外观上看,浅烘和中烘的咖啡熟豆难以辨别新鲜程度;大部分中深烘和深烘的咖啡熟豆，能通过出油程度判断新鲜程度；特殊烘焙方式的中深烘和深烘的咖啡熟豆，一般无法单纯通过外观判断新鲜程度。

2. 香气

新鲜的咖啡豆香气浓郁，能清晰地闻到咖啡豆特有的香气。如果咖啡豆的香气微弱，或者开始出现油腻味、发酵味、发霉味等不良气味，那么可能已经不新鲜了。

3. 气泡

萃取过程中气泡的丰盈度与新鲜度呈正相关，咖啡豆越新鲜，气泡越多。

二、咖啡熟豆新鲜度的感官判断方法

1. 闻

只需闻研磨咖啡粉的香气即可判断新鲜程度。萃取时所闻到的香气，以及萃取后的咖啡液香气也可作为辅助判断依据。

2. 看

采用冲煮式萃取时，可以通过观察气泡的大小、多少来判断新鲜程度；采用压力式萃取时，可以通过观察液柱中气泡的大小、多少以及流状来判断新鲜程度。

3. 尝

新鲜的咖啡酸质明亮，风味明显；不新鲜的咖啡，因为酸性物质被氧化，酸质沉闷，风味也变得不明显，通常带有油蘚味。

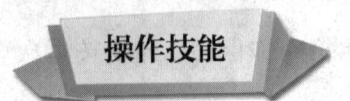

操作技能

辨别咖啡熟豆的新鲜度

一、操作准备

1. 设备准备

磨豆机。

2. 器具准备

杯测碗（1个杯测用、1个涮勺用）、杯测勺、电子秤、计时器、热水壶、温度计、吐杯等。

3. 物料准备

烘焙 3 d 以内、14~40 d、半年以上的 3 种咖啡豆各 20 g。

二、操作步骤

步骤 1　随机抽取 3 种咖啡豆中的一种（袋子上进行三位数随机编码），取咖啡豆 20 g。

步骤 2　杯测参数设定

先将杯测碗上秤去皮，注满水，测出杯测碗容量，除以 18.18 得出每个杯测碗中应投入的咖啡豆重量。

（1）粉水比：1∶18.18。

（2）水温：94 ℃。

（3）研磨度：杯测研磨度。

（4）浸泡时间：4 min。

步骤 3　咖啡杯测

（1）称豆：杯测碗上秤去皮，投入相应重量的咖啡豆。

（2）研磨：调好研磨度，取少量咖啡豆（2~4 g）洗磨，然后倒入杯测碗中。

（3）嗅闻杯测碗中咖啡的干香，记录所闻到香气的种类及强弱。

（4）按下计时器的同时，一次性、快速地注满热水。

（5）嗅闻杯测碗中咖啡的湿香，记录所闻到香气的种类及强弱。

（6）在 4 min 时开始破渣、捞渣。

（7）品尝风味并记录。

（8）判断咖啡豆的新鲜度。

三、注意事项

1. 刚完成破渣、捞渣后的咖啡还处于比较烫的状态，注意不要被烫伤。

2. 建议使用吐杯，以免过度摄入咖啡因而引起身体不适。

职业模块 ④
经营管理

培训课程 1

单个门店班次管理

学习单元1　门店值班计划编制

一、单个门店值班计划的编制要点

单个门店值班计划的制订目的是确保门店正常运营，提高工作效率，保障员工和顾客的安全。单个门店值班计划的编制要点主要包括以下几个方面。

1. 确定值班时间和人员

根据门店的营业时间和人员情况，确定每个时间段的值班人员，确保门店在营业时间内都有员工值班。

2. 安排好休息时间

门店员工需要适当的休息时间来保持体力和精力，因此，在编制值班计划时，需要合理安排员工的休息时间，避免过度劳累。

3. 合理分配工作任务

不同的员工有不同的技能和经验，在编制值班计划时，需要考虑员工的个人特点和能力，合理分配工作任务，使员工能够充分发挥自己的优势。

4. 制定应急预案

在编制值班计划时，需要制定应急预案，包括应对突发事件、顾客投诉等，确保门店能迅速应对各种紧急情况。

5. 定期调整值班计划

门店的营业时间和人员情况可能会发生变化，因此，需要根据具体情况定期调整值班计划，以确保计划的适用性和有效性。

6. 确保安全

在编制值班计划时，需要特别注意门店的安全问题，包括门店的防盗、防火、防抢等，确保门店和员工的安全。

7. 考虑员工的个人安排

在编制值班计划时，需要考虑员工的个人安排，避免对员工的个人生活造成过多干扰。

8. 制定考核标准

为了激励员工认真执行值班计划，需要制定考核标准，对员工的值班表现进行评估和考核，以提高员工的工作积极性和工作效率。

二、值班前、值班中、值班后的相关事项

整个值班计划应该包含值班前、值班中、值班后三个过程，需要完成的相关事项如下：

1. 值班前

（1）值班前准备

1）值班前的工作日，阅读餐厅团队沟通内容。

2）检视下一个班次的值班表，确保人手充足，了解正在进行的促销及活动。

3）接管班次前，评估餐厅的运营情况，阅读沟通内容并与班次成员分享。

4）与上一任值班店长沟通讨论应采取行动的机会点、趋势、问题或障碍。

（2）值班前计划

1）完成检视并制订值班计划的优先顺序。

2）执行值班前检查表，确定优先事项和机会点。

3）创建并按优先顺序列出待办事项。

4）检查是否有不在售的产品以及是否有半成品缺货。

5）确认所有设备是否正常运行，制订备选计划以降低对顾客的影响。

6）检视实际的营业额情况，以便调整岗位及人员安排。

7）设定切实可行的班次目标。

2. 值班中

通过观察业务情况和所有渠道的客流量，了解何时需要进行调整。

（1）顾客体验

1）关注出品品质及服务速度。

2）根据业务情况和顾客流量变化，有效调整员工的岗位。

3）优先处理并消除服务、生产和品质方面的障碍，找到痛点，定期依照路线进行巡视，对健康和安全、QSC［quality（质量）、service（服务）、cleanliness（清洁）］、顾客便利、仪容仪表等方面排定优先顺序，追踪危险区域，及时发现并实施相应措施。

（2）食品安全

1）完成食品安全每日、每周、每月检查表。

2）确保食品安全和食品品质。及时跟进任何与食品安全相关的顾客投诉。

（3）人员互动

1）针对目标的达成，给予员工、区域领导持续的反馈。

2）在必要时训练、激励和协助员工，公开、明确地认可和奖励取得卓越绩效的员工。

3）亲身示范与顾客互动时的殷勤款待服务。

4）根据计划协调人员休息时间，确保员工精力充沛。

5）确保顾客和员工的健康和安全，能迅速、礼貌地处理投诉，经常与顾客交谈，询问他们的体验。

6）在员工完成班次后，认可和感谢每位员工所做的努力。

3. 值班后

（1）检视销售数量与营业额达成情况。

（2）对门店进行检查和清理，确保门店环境卫生和设备设施的完好。

（3）对工作中发现的问题进行记录和整理，能提出改进的意见和建议。

（4）对门店的工作进行总结和评估，找出机会点，制订相应的改进计划。

（5）与交接班人员进行沟通和交流，以便于后续工作的顺利开展。

三、值班辅助工具——值班手册

值班手册作为值班辅助工具，可以提供全面的信息，提高工作效率，确保工作质量，增强员工培训效果，促进团队协作，方便查阅和携带，能增强管理规范性。

值班手册包含了值班工作的全面信息和指导规范,包括值班目标制定、值班前中后的流程、岗位操作指南、应急处理方案等,为员工提供了全面的参考和指导,能帮助员工更好地完成值班工作。

通过值班手册的制定和使用,可以使门店管理更加规范化和标准化。管理者可以依据值班手册对员工的工作进行监督和评估,以确保门店的正常运营和管理水平的提升。同时,值班手册也能为管理层决策提供参考,为门店的发展提供有力支持。

值班手册主要包括管理值班计划表(见表4-1)、值班工作交接表(见表4-2)等。

表4-1 管理值班计划表

开始日期	结束日期	各时段值班人员			值班位置

表4-2 值班工作交接表

交接人		部门		职位		交接原因	
接交人		部门		职位		日 期	
交接事项							
分类	工作内容				交接情况		备注	
未完成工作交接								
物品交接								
交接人签名:				接交人签名:			监交人签名:	

值班手册包含但不限于以上内容,可根据实际情况增加特定内容。

学习单元 2　门店班次管理

一、人员管理

企业需要制定员工手册及相关规章制度来约束门店可能发生的行为。员工手册中可包含员工守则、员工行为规范等内容，相关条款可参考以下内容：

1. 工作职责

（1）调制饮品

咖啡师需要熟练掌握各种咖啡豆的特性，能根据顾客的需求调制出美味的咖啡。此外，咖啡师还需要了解各种饮品的配方，能根据季节和活动需求推出新品。

（2）清洁、维护咖啡机和其他相关设备

咖啡师需要定期对咖啡机和其他相关设备进行清洁和维护，确保设备的正常运行。

（3）确保咖啡品质

咖啡师需要时刻关注咖啡品质，包括咖啡豆的新鲜度、研磨度的粗细、水的质量等，以确保每一杯咖啡都能达到高品质的标准。

（4）提供优质服务

咖啡师需要具备良好的服务态度和沟通能力，能够为顾客提供礼貌、热情的服务，并解答顾客的疑问。

（5）保持工作区域的整洁

咖啡师需要负责保持工作区域的整洁和卫生。

（6）协助其他部门的工作

咖啡师需要协助其他部门开展工作，如参与门店的营销活动、协助管理库存等。

2. 工作时间

咖啡师需要按照门店的营业时间进行工作，工作时间可根据门店的需求进行调整，如节假日或周末可能需要加班。咖啡师具体工作时间可以参考值班表。

3. 仪容仪表

（1）整洁的外观

咖啡师应穿着整洁、干净的工作服，并保持个人卫生；头发整齐、干净，不染发、不烫发；指甲修剪整齐，不涂指甲油。

（2）良好的卫生习惯

咖啡师应该养成良好的卫生习惯，保持手部卫生；在调制咖啡之前，用洗手液清洁双手，指甲保持干净。

（3）端庄的举止

咖啡师的举止应端庄、礼貌、友好；接待顾客时，面带微笑，用礼貌用语打招呼，与顾客能保持良好的沟通。

（4）专业的形象

咖啡师应该树立专业的形象，表现出对工作的热爱和专注；在调制咖啡时，注意细节，保证咖啡的品质和口感。

（5）适当的妆容

咖啡师可化淡妆，突出自然美；妆容应与个人的肤色、气质和服装相匹配，避免出现过于浓重或夸张的妆容。

二、库存管理

1. 库存管理的定义

库存管理也称仓储管理，是指对仓储货物收发、剩余等活动的有效控制，其目的是保证企业门店仓储货物的完好无损，确保生产经营活动的正常进行，并在此基础上对各类货物的使用状况进行分类记录，以明确的方式表达仓储货物在数量、品质方面的状况，以及目前所在的地理位置、部门、订单归属和仓储分散程度等的综合管理形式。

2. 库存管理的五大原则

库存管理因库存物品的不同而有个性化的管理原则，即食品类、产品类、设备类仓库的管理原则是不同的。以下介绍普通产品的库存管理原则。

（1）面向通道并根据出库频率选定物品摆放位置

为方便物品出入库及人员移动，出货和进货频率高的物品应放在靠近出入口、易于作业的地方；流动性差的物品放在距离出入口稍远的地方；季节性物品则依其季节特性来选定放置的位置。

（2）尽可能在安全范围内将物品向高处码放，提高保管效率及空间利用率

有效利用库内空间，在确保取货安全的前提下尽量向高处码放。为防止物品破损，保证安全，应尽可能使用货架等保管设备。

（3）同一种物品摆放在同一位置

为提高作业效率和保管效率，同一物品或类似物品应放在同一位置保管。员工对库内物品存放位置的熟悉程度会影响出入库的时间，将类似物品放在邻近的地方也是便于拿取、提高效率的有效方法。

（4）根据物品重量安排位置

安排保管位置时，要把重的物品放在货架下边，把轻的物品放在货架上边。需要人工搬运的大型物品则以腰部高度为基准。这对于提高效率、保证安全是一项重要的原则。

（5）依据先进先出的原则使用

对于易变质、易破损、易腐败的物品，以及机能易退化、老化的物品，尽可能按先进先出的原则进行出入库管理，在加快周转的同时也能够确保符合食品安全要求。

三、场地管理

1. 场地管理概述

场地是指直接从事生产、经营、工作的场所。企业场地是指企业进行生产经营活动的特定场所。根据与生产的关系，企业场地可分为生产场地和非生产场地。

场地管理是指对一个特定区域或场所进行规划、组织、协调和控制的过程，以确保其安全、高效和有序运行。经营场地管理，就是运用科学的企业管理制度、方法和手段对场地的工作进行提前计划和控制管理，以达到高品质、低损耗、安全经营的目的。

2. 场地清洁要求

咖啡门店场地的清洁要求是全面、细致、到位。只有保持场地的卫生、干净、整洁，才能为顾客提供舒适、卫生的用餐环境，提升顾客的满意度和忠诚度。

（1）地面清洁

每天至少清扫两次地面，保持地面整洁、无污渍、无垃圾。对于油渍等难以清洗的污渍，需要使用专业的清洁剂进行处理。

（2）桌椅清洁

桌椅是咖啡门店的主要家具，需要经常擦拭。擦拭时要使用干净的毛巾，避免二次污染。对于顽固污渍，需要使用专业的清洁剂进行处理。

（3）玻璃清洁

玻璃窗、玻璃门等需要经常擦拭，保持透明无痕。擦拭时可以使用专业的玻璃清洁剂，确保无污渍残留。

3. 设备清洁与维护要求

咖啡门店设备的清洁要求是全面、细致、到位。只有保持设备的干净和卫生，才能保证咖啡的品质和口感，提高顾客的满意度和忠诚度。不同的设备有不同的清洁周期，需要根据设备的使用情况和污渍程度来确定。一般来说，每天都需要对设备（包括咖啡机、磨豆机等）进行清洁，以保持良好的运转和卫生。对于其他设备，如水槽、烤箱等，应每周或每月进行彻底清洁。

根据设备的材质和污渍程度选择合适的清洁剂。对于一些敏感的设备，如咖啡机、磨豆机等，需要使用专用的清洁剂，避免使用刺激性强的清洁剂。对于一些简单的器具，如咖啡杯、水槽等，可以使用日常的清洁工具进行清洁。对于一些复杂的设备，如咖啡机、磨豆机等，需要按照设备的使用说明进行清洁和维护。

四、目标管理

设定门店目标前，需要了解门店的基本信息，可参照上月门店的实际情况设定本月的门店目标。门店目标设定模板见表4-3。

表4-3　　　　　　　　　　门店目标

门店每月1号须设定目标，且定期追踪与回顾达成情况	
门店目标	月度达成情况

五、排班管理

1. 确定班次

根据门店的营业时间和员工的排班需求，确定班次，如早班、中班、晚班等。

2. 安排员工

根据员工的岗位职责和能力，将员工分配到不同的班次中，确保每个班次都有足够的员工。

3. 制定值班表

根据班次和员工情况，制定具体的值班表，包括员工的姓名、上班时间和休息时间等。

4. 调整值班表

在制定值班表后，还应根据实际情况进行调整，如员工请假、加班等情况。同时，也要考虑员工的休息和福利待遇等。

培训课程 2

单个门店销售管理

学习单元1 门店销售管理

门店销售管理是指通过一系列的管理手段和工具,对门店的销售活动进行计划、组织、指挥、协调和控制,以提高门店的销售业绩和经营效益。门店销售管理的主要内容包括提升门店能见度、设定销售目标、门店促销、制定激励机制等。通过对以上方面的有效管理,提高门店的销售业绩和市场竞争力,提升客户满意度和忠诚度,实现长期稳定的发展。

一、提升门店能见度

提升门店能见度是门店销售管理中的一项重要任务,因为能见度高的门店更容易吸引潜在客户的注意力,进而增加销售机会。以下是一些提升门店能见度的方法。

1. 优化店面陈列

通过合理的店面布局和陈列设计,突出产品的特点和优势,吸引顾客的关注。可以运用一些视觉营销技巧,如对比陈列、场景陈列、主题陈列等,使店面更加吸引人。

2. 加强宣传和推广

通过各种渠道进行宣传和推广,如社交媒体、广告、口碑等,提高门店的知名度和曝光率。同时,可以利用一些营销活动,如优惠促销等,吸引潜在顾客的关注。

3. 提升服务质量

提供优质的服务是提升门店能见度的关键。员工应具备良好的服务态度和专业知识，能够提供专业的咨询和解决方案，增加顾客信任感。同时，关注顾客体验，及时解决顾客问题，提高顾客满意度。

4. 树立品牌形象

树立良好的品牌形象是提升门店能见度的长远之计。品牌形象包括品牌名称、标志、口号等。通过树立独特的品牌形象，可以增加潜在顾客的认知度和记忆度，提高门店的能见度。

5. 合理利用灯光和色彩

灯光和色彩也是提升门店能见度的有效手段。合理运用灯光和色彩的搭配，可以营造出舒适、温馨的店面氛围，吸引顾客进店。

二、设定销售目标

门店销售目标设定的重要性主要体现在以下几个方面。

1. 明确方向

销售目标是门店运营的方向，也是所有销售活动的基础。只有明确了销售目标，门店才能有明确的发展方向。

2. 激励员工

销售目标可以作为激励员工的工具。通过设定销售目标，能够激发员工工作的积极性和主动性，提高工作效率。

3. 控制成本

销售目标可以帮助门店控制成本。通过设定销售目标，门店能够合理预测销售额，从而合理安排采购、库存等。

4. 评估效果

销售目标是评估门店运营效果的重要依据。通过对比实际销售额和销售目标，可以了解门店的运营状况，找出问题并进行改进。

5. 提升竞争力

设定销售目标是提升门店竞争力的重要手段。通过设定销售目标，不断提升门店的销售能力和服务水平，从而在激烈的市场竞争中脱颖而出。

三、门店促销

门店促销活动能吸引更多的顾客,从而提高门店的销售额。通过打折、发放赠品及优惠券等方式,刺激顾客的购买欲望,促使他们进行购买。常见门店促销方式如下。

1. 买一送一

买一送一是指顾客购买一杯咖啡,赠送一杯同样的咖啡。这种促销方式可以吸引更多的顾客,增加销售量。

2. 折扣优惠

折扣优惠是指提供一定的折扣,如8折或9折优惠。这种促销方式可以让顾客觉得物有所值。

3. 会员卡优惠

会员卡优惠是指对持有会员卡的顾客,提供额外的折扣或者积分,以增加他们对咖啡店的忠诚度。

4. 组合销售

组合销售是指将咖啡与其他产品组合在一起销售。例如,咖啡和蛋糕的组合,或者咖啡和书籍的组合等。这种促销方式能通过提供更多元化的产品来吸引顾客。

5. 推荐有奖

推荐有奖是指顾客如果将咖啡店推荐给其他人,就给予该顾客一定的奖励,例如,免费赠送一杯咖啡等。

6. 节日促销

节日促销是指在特定的节日推出限定的咖啡和装饰以营造节日氛围,吸引顾客购买。

7. 新品试喝

新品试喝是指推出新的咖啡饮品时,让顾客试喝,体验新口味。

8. 积分兑换

积分兑换是指顾客在购买咖啡时可以累积积分,积分累积到一定程度可以兑换礼品或者咖啡。

 **相关链接**

门店促销广告语举例

"咖啡，享受生活的滋味。"

"半价优惠，让您品尝真正的咖啡。"

"新鲜烘焙，香浓口感。"

"今日特价，一杯咖啡，一份温馨。"

四、制定激励机制

1. 薪酬激励

薪酬激励是指提供具有竞争力的薪酬待遇，如基本工资、绩效奖金、加班费等，确保员工获得应有的回报。合理的薪酬结构能够激励员工努力工作，提高工作效率。

2. 设立奖励制度

设立奖励制度是指对表现优秀的员工给予奖励，如设立个人销售目标、团队销售目标等，对达到目标的员工给予奖金、晋升、荣誉等奖励，激发员工的积极性和创造力。

3. 员工培训

员工培训是指为员工提供专业培训和发展机会，帮助员工提升技能水平和知识水平。通过内部培训、外部培训、提供在线课程等方式，让员工不断学习和成长，提高自身工作能力和职业竞争力。

4. 员工关怀

员工关怀是指关注员工的工作和生活状况，提供必要的支持和帮助。可以定期组织团建活动、员工座谈会等，了解员工的意见和需求，增强员工的归属感和忠诚度。

5. 晋升机制

晋升机制是指建立明确的晋升通道和标准，让员工看到职业发展的前景和机会。定期评估和选拔优秀员工，给予其相应的晋升机会和更高的职位待遇，激发员工的职业发展动力。

学习单元2　门店销售计划制订

一、收集门店基础信息

使用"门店基础信息收集表"（见表4-4）收集门店信息。

表4-4　　　　　　　　　门店基础信息收集表

门店名称	
门店地址	
门店营业时间	

二、市场分析

使用"门店商圈信息收集表"（见表4-5）收集门店所在市场信息。

表4-5　　　　　　　　　门店商圈信息收集表

目标顾客群	
竞争对手分析	
市场趋势	

三、制定销售目标

使用"销售目标设定表"（见表4-6）设定短期、中期、长期目标。

表4-6　　　　　　　　　销售目标设定表

短期目标（1~3个月）	提升销售额：	提升满意度：
中期目标（4~6个月）	提升销售额：	提升满意度：
长期目标（1~2年）	提升销售额：	提升满意度：

四、制定销售策略

1. 产品策略

推出特色咖啡饮品、季节性咖啡饮品，提供优质的咖啡豆和咖啡器具销售。

2. 价格策略

根据成本、市场需求和竞争对手情况制定价格，提供合理的优惠活动。

3. 渠道策略

拓展线上销售渠道，如外卖平台、自建电商平台等。

4. 促销策略

定期举办促销活动，如买一送一、折扣优惠、新品试喝等。

五、制订执行计划

1. 人员安排

定期培训门店员工，提升服务质量，熟知产品相关知识。

2. 宣传计划

利用社交媒体、户外广告等进行宣传，提高品牌知名度。

3. 客户关系管理

建立客户档案，定期回访，提供个性化服务。

六、评估与调整

1. 定期评估销售计划执行情况，分析销售数据和市场反馈。

2. 根据评估结果调整销售计划，优化销售策略和执行方案。